配电自动化
调试技术

国网湖南省电力公司电力科学研究院　组编

冷　华　主编

PEIDIAN ZIDONGHUA
TIAOSHI JISHU

内 容 提 要

本书从配电自动化相关标准规定的调试验收项目入手，介绍了调试验收的项目、目的、方法、判别的注意事项，并尽可能介绍试验背景，使读者对调试验收的项目有全面的了解。同时，结合配电自动化系统调试对配电自动化系统各环节的原理进行了说明，重点介绍了 SCADA 的原理、技术基础和外围知识。

本书共分为 9 章，第 1 章简要介绍了配电网现状及配电自动化的概念和发展历程；第 2 章对配电网网架结构的分类和特点以及箱式变电站、配电变压器等一次设备进行了介绍；第 3 章围绕配电自动化系统各环节的原理进行了阐述；第 4 章介绍了配电自动化系统调试的内容、要求及流程，在此章节，作者结合实际工作介绍了"仓库调试、同步建设"配电自动化系统独有的调试思路，并对其特点进行了描述；第 5～7 章分别从配电自动化系统主站、配电自动化终端、通信系统等各个环节对调试技术进行了介绍；第 8 章对包含主站、通信、终端在内的整个配电自动化系统联调测试进行了介绍；第 9 章则从工厂验收、现场验收、工程验收、实用化验收这四个环节对配电自动化系统验收工作进行了深入的介绍。

本书主要供电气工程技术人员研究、参考之用，可以作为高等院校电力系统及其相关专业的教材和参考书。

图书在版编目（CIP）数据

配电自动化调试技术 / 冷华主编. —北京：中国电力出版社，2015.12（2022.5 重印）

ISBN 978-7-5123-8566-5

Ⅰ.①配… Ⅱ.①冷… Ⅲ.①配电系统－调试方法
Ⅳ.①TM727

中国版本图书馆 CIP 数据核字（2015）第 276978 号

中国电力出版社出版、发行

（北京市东城区北京站西街 19 号　100005　http://www.cepp.sgcc.com.cn）

三河市航远印刷有限公司印刷

各地新华书店经售

*

2015 年 12 月第一版　2022 年 5 月北京第四次印刷

710 毫米×980 毫米　16 开本　15.75 印张　265 千字

印数 3001—3500 册　定价 **65.00** 元

本书编委会

前言

随着社会经济不断发展，用户对供电可靠性、电能质量及其优质服务的要求不断提高。配电网是电力系统末端直接与用户相连、起分配电能作用的网络，其供电的可靠性直接关系到用户的使用体验，传统的配电网运行模式和"不可视"的管理方法已经很难满足配电网安全、优质和经济运行的要求。改善整个电力系统的装备和运行，开展配电自动化建设是保证配电网的安全经济运行和提高电网企业供电服务水平的必由之路。从 2009 年开始，国家电网公司、南方电网公司逐步开展配电自动化的建设推广应用工作，目前已有逾百座城市开展了配电自动化的建设应用，但从调度自动化的推广应用情况来看，配电自动化的相关技术标准及管理规范出台的时间还不长，仍然处于发展的初始阶段。

由于应用场景的不同，配电自动化与读者所熟悉的调度自动化存在着显著的差异，主要表现在下面几个方面：

（1）配电自动化涉及的设备点多面广，专业面亦较广。配电自动化系统的一个显著特点是待接入的终端、通信设备数量众多，这是由配电网本身设备分散、数量众多的特点决定的，一个城市配电自动化系统所接入的配电自动化终端、通信设备的数量往往和省级的调度自动化系统相当甚至更多；同时，和调度自动化系统类似，配电自动化除了涵盖自动化、通信专业外，还涉及继电保护、高压、信息化等专业。

（2）配电自动化一次、配电自动化终端、通信设备之间集成度高。配电自动化一次、配电自动化终端、通信设备往往安装于同一箱体之内，这使得在现场调试的过程中，负责一次、配电自动化终端及通信设备调试的人员往往在同一时间、空间平面上开展工作，互相关联度极高。

（3）配电自动化现场调试验收时间较短。配电自动化建设由于需要对配电网一次设备进行改造，往往涉及线路的停电施工。考虑到供电公司优质服务的要求，配电线路的停电有严格的时间要求，往往只有几个小时。在这么短的时间内完成所有设备的安装、调试、验收，需要各部门及相关人员分工明确，配合默契，否则将会出现由于调试验收不到位所引起的重复停电，降低建设区域的供电可靠性。

由此易知，配电自动化的调试验收工作需要根据其自身的特点而合理安排，同时，调试验收工作连接着设计和实际应用，整个调试验收工作要检验产品功能性能，并按照实际系统运行要求整定设备的相关参数，使配电自动化系统达到预定的技术要求，发挥其应用的作用。目前，由于配电自动化系统调试及验收环节的配套标准较少，各配电自动化建设单位普遍存在着"摸着石头过河"的情况，部分单位的调试验收工作流于形式，使得配电自动化系统在投运之时就处于"带病运行"的状态，这样就使得后期系统的应用难以正常开展，也就发挥不了配电自动化应有的作用。因此，需要有一本书来汇总各单位现场实施经验，结合配电自动化技术的发展，对配电自动化系统调试所采用的技术以及验收的要求进行介绍，为配电自动化系统设计、制造、监造、运行维护人员提供一份专业的技术参考。

本书建立一座从配电自动化系统设计到应用、从标准到使用之间的桥梁，力图使初步开展配电自动化系统调试验收工作的人员快速了解并掌握配电自动化系统调试验收的基本内容、步骤及方法。对有经验的人员，力图为其提供参考，以便于及时总结新的技术与经验。

限于作者能力有限，加之缺乏编写经验，疏漏在所难免，恳请读者批评指正。

作　者
2015 年 9 月

目录

概　　述

1.1　配 电 网 现 状

　　配电网是电力系统的重要组成部分，是保障电力"配得下、用得上"和分布式电源"接得进、送得出"的关键环节。配电网直接面向用户，遍布社会生产和生活的各个方面。在整个电力系统中，配电网规模最大、分布最广且最具有多样性，配电网的优质可靠供电直接影响用户的用电质量、社会经济协调发展与社会和谐。配电网结构及组成见图 1-1。

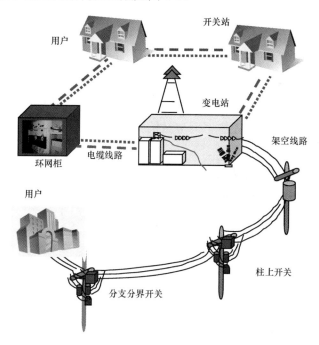

图 1-1　配电网结构及组成

配电网按电压等级的不同，可分为高压配电网（110/66/35kV），中压配电网（20/10/6/3kV）和低压配电网（380/220V）。

（1）高压配电网。指由高压配电线路和相应等级的配电变电站组成的向用户提供电能的配电网。其功能是从上一级电源接受电能后，直接向高压用户供电，或通过配电变压器为下一级中压配电网提供电源。高压配电网具有容量大、负荷重、负荷节点少、供电可靠性要求高等特点。

（2）中压配电网。指由中压配电线路和配电变电站组成的向用户提供电能的配电网。其功能是从输电网或高压配电网接受电能，向中压用户供电，或向用户用电小区负荷中心的配电变电站供电，再经过降压后向下一级低压配电网提供电源。中压配电网具有供电面广、容量大、配电点多等特点。

（3）低压配电网。指由低压配电线路及其附属电气设备组成的向用户提供电能的配电网。其功能是以中压配电网的配电变压器为电源，将电能通过低压配电线路直接送给用户。低压配电网的供电距离较近，低压电源点较多，一台配电变压器就可作为一个低压配电网的电源。低压配电线路供电容量不大，但分布面广，除一些集中用电的用户外，大部分是供给城乡居民生活用电及分散的街道照明用电等。

长期以来，我国电网发展存在"重发、轻输、不管配"的情况，使得我国配电网网架普遍比较薄弱，供电可靠性较低，供电质量较差，主要体现在以下几个方面：

（1）网架结构相对薄弱。多年来，由于配电网建设和改造资金不足，以及城市快速扩张开发，造成配电网网架结构相对薄弱，供电能力不强，配电网建设需要进一步加大投资。

（2）配电网运行环境恶劣，检修方式不适应配电网快速发展需要。外力破坏、盗窃和用户供电设施故障问题突出，严重影响配电网安全稳定运行。配电网检修管理大部分仍处于传统意义上的检修，实施状态检修的不多。

（3）配电自动化水平整体偏低，配电网调度运行技术支持手段落后。我国配电自动化建设整体水平与国际先进水平还存在差距，终端覆盖率较低，对配电网的实时状态感知不足，故障诊断、隔离和恢复时间较长，不能实现配电网的网络重构和自愈功能。配电自动化的发展目标和应用模式还不够清晰，需与一次网架、通信系统做好衔接，配电自动化技术亟待加强。

（4）配电网接纳新能源的能力不足。随着分布式电源的接入、电动汽车充电站的增加，对配电网调度水平的要求越来越高，传统配电网需要适应智能电网不断发展的要求，提高接纳新能源的能力。

（5）供电可靠性有待提升。我国配电网的供电可靠性较国际先进水平仍有差距，城乡差异较大、东西部差距明显。2014 年，我国城乡供电可靠率分别为 99.966%和 99.875%，用户平均年停电时间为 2.98h 和 10.95h，中西部部分地区农村低电压问题较为突出。

随着近年来社会经济的发展和人民生活水平的提高，用户对供电质量及可靠性的要求越来越高，国家也越来越重视配电网的发展建设，不断投入大量资金进行配电网建设和改造，增加完善电源布点、优化网架结构、缩短供电半径、提高配电网设备水平。特别是智能电网和绿色电力概念的兴起，现代先进传感测量技术、通信技术、信息技术、计算机技术和控制技术越来越多应用于配电网中，分布式能源也越来越多接入到配电网中，促进了配电网朝着智能化、信息化和自动化的方向发展。

1.2　配电自动化简介

一、配电自动化的概念

配电自动化（Distribution Automation，DA）以配电网一次网架和设备为基础，综合利用计算机、信息及通信等技术，并通过与相关应用系统的信息集成，实现对配电网的监测、控制和快速故障隔离，为配电管理系统（Distribution Management Systems，DMS）提供实时数据支撑。通过快速故障处理，提高供电可靠性；通过优化运行方式，改善供电质量、提升电网运营效率和效益。

二、配电自动化的发展历程

在 20 世纪 50 年代以前，英、美、日等发达国家开始利用人工方式进行操作和控制配电变电站及线路开关设备。50 年代初期，时限顺序送电装置得到应用，该装置用于自动隔离故障区间，加快查找馈线故障地点。70～80 年代，电子及自动控制技术得到发展，西方国家提出了配电自动化系统的概念，各种配电自动化设备相继被开发和应用，如智能化自动重合器、自动分段器及故障指示器等，实现了局部馈线自动化。

80 年代，进入了系统监控自动化阶段，实现了包括远程监控、故障自动隔离及恢复供电、电压调控、负荷管理等实时功能在内的配电自动化技术，但也由于计算机技术的限制，当时的配电自动化系统多限于单项自动化系统。

80 年代后期至 90 年代，进入了配电网监控与管理综合自动发展阶段，配电自动化受到广泛关注，地理信息系统（GIS）技术有了很大的发展，开始应用于配电网的管理，形成了离线的自动绘图及设备管理（AM/FM）系统、停电管理系统等，并逐步解决了管理的离线信息与实时 SCADA/DA 系统的集成问题。在一些发达国家，出现了涉及配电自动化领域的系统设备厂家及其各具特色的配电自动化产品。

进入 21 世纪以来，随着计算机技术的迅猛发展，欧美等发达国家提出了高级配电自动化及智能化电网的概念，把配电自动化提升到了一个新的高度。新技术的发展要求配电网具有互动化、信息化、自动化特征，同时具备接纳大量分布式能源的能力，配电网开始向智能化方向发展。

三、建设配电自动化的意义

配电自动化作为智能配电网发展的重要组成部分，是提高供电可靠性、提升优质服务水平以及提高配电网精益化管理水平的重要手段，是配电网现代化、智能化发展的必然趋势。建设配电自动化系统具有以下主要意义：

（1）提升配电网的运行水平与供电可靠性。在正常运行工况下，通过对配电线路及设备的实时监控，优化运行方式，解决配电网"盲调"的现状；在事故情况下，通过系统的故障查询及定位功能，快速查出故障区段及异常情况，实现故障区段的快速隔离及非故障区段的恢复送电，尽量减少停电面积和缩短停电时间，提升配电网的供电可靠性。

（2）提升配电网电能质量水平。配电自动化系统能够实现对配电网方式进行灵活调整，从而消除线路负荷畸重与畸轻同时存在的现象，进而提高用户电压合格率，提高电能质量。

（3）为配电网规划及技术改造提供基础数据。配电自动化系统能够记录并积累配电网运行的实际数据，为配电网的规划和技术改造提供依据。

（4）提升对分布式光伏等新能源的消纳能力。未来，以分布式光伏为代表的新能源发电将成为电力发展的主流，分布式光伏等新能源接入配电网见图1-2。分布式光伏等新能源接入的电压等级一般为 10kV 和 380V，属于配电自动化系统管理的范畴，通过配电自动化对分布式电源的实时监视，可实现分布式发电与电网的协调运行控制，最大程度避免分布式发电接入对电网运行的不利影响，提升对分布式光伏等新能源的消纳能力。

（5）提高企业劳动生产率。通过配电自动化手段，大大减轻了过去繁杂的现场巡视、检查、操作等工作，减轻了工作人员统计、记录、查找、分析等劳动强度，快速完成业务报表、供电方案等日常工作，大幅度提高工作效率，实现供电企业的减人增效，提高了供电企业的生产效率。

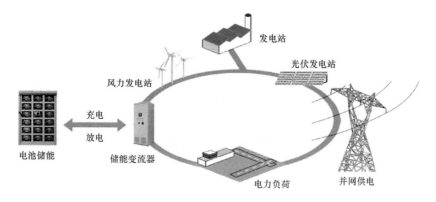

图 1-2　分布式光伏等新能源接入配电网

（6）提高供电企业服务水平。配电自动化系统实现了配电网故障的快速定位、排除，线路切换、负荷转带等正常操作的时间也大为缩短，极大地减少用户的停电时间，从而切实提高供电可靠率，提高了客户供电服务水平。

配电网网架结构及一次设备

2.1 配电网网架结构

配电网是电力网的重要组成部分，按结构可以分为架空线路和电缆线路。架空线路是将导线架设在杆塔上，并暴露于空气中，电缆线路是将电缆敷设于地下或水底。架空线路的优点是结构简单，架设方便，投资少，传输电容量大，传输电压级别高，散热条件好，维护方便；缺点是网络复杂和集中时，不易架设，在城市人口稠密区架设既不安全，也不美观；工作条件差，易受雨、雪、冰、风、温度、化学腐蚀、雷电等环境条件的影响。电缆线路的优点是线间绝缘距离小，占地少，无干扰电波；地下敷设时，不占地面与空间，受气候和人为故障等外界因素影响较小，供电可靠性高，维护工作量小；其缺点是敷设成本较高、施工难度大、故障寻测困难等。

 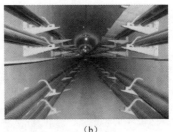

(a)　　　　　　　　　　　　(b)

图 2-1　配电线路

(a) 架空线路；(b) 电缆线路

配电网的网架结构决定了配电网最本质的特性，对配电网的投资、使用寿命、配电网的安全经济运行以及供电可靠性均有较大影响。典型的配电网网架结构一般分为以下几种：

架空线路：辐射式、多分段单联络、多分段多联络网架结构。其网架结构的特点及适用范围见表2-1。

电缆线路：单射式、双环式、单环式、其他结构（多供一备接线网架结构、三角形接线网架结构、四边形网架结构等）。其网架结构的特点及适用范围见表2-2。

表2-1 架空线路网架结构及其特点和适用范围

接线方式	典型接线图	特点	缺略	适用区域
辐射式架空线路		辐射式接线简单清晰，运行方便，建设投资低	供电可靠性差，不满足 N-1 要求	适用于负荷密度较低、用户负荷重要性一般、变电站布点稀疏的地区
多分段单联络架空线路		可靠性比辐射式接线模式大大提高，接线清晰，运行比较灵活，线路故障或电源故障时，在线路负荷允许的条件下，通过切换操作可以使非故障段恢复供电，线路的备用容量为50%	线路投资比辐射式接线有所增加	适用于负荷密度较大、可靠性要求较高的大城市边缘以及中小城市
多分段多联络架空线路		有效提高线路的负载率，降低不必要的备用容量，提高满足 N-1 的前提下，主干线正常运行时的负载率可达到60%~80%		适用于负荷密度较大、可靠性要求较高的区域

表 2-2　电缆线路网架结构及其特点和适用范围

接线方式	典型接线图	特点	缺陷	适用区域
单射式		主干线正常运行时的负载率可达到100%	该接线方式不满足 N-1 要求	适用于供电可靠性要求较低的地区
双射式		为双环式或 N 供一备接线方式的过渡方式	能够满足 N-1 要求，但主干线正常运行时最大负载率不能大于50%	适用于容量较大、架空线路的用户、一般普通用户，一般采用同一变电站不同母线或引出双回电源
对射式		为双环式或 N 供一备接线方式的过渡方式	能够满足 N-1 要求，但主干线正常运行时最大负载率不能大于50%	适用于容量较大、对供电可靠性有一定要求的用户
单环式		单环式的环网点一般为环网柜、箱式站或环网配电站，可以隔离任意一段线路的故障，线路的备用容量为50%		适用于城市一般区域（负荷密度不高、可靠性要求一般的区域）

续表

接线方式	典型接线图	特点	缺陷	适用区域
双环式	电缆1 变电站母线 断路器 电缆2 变电站母线 断路器 电缆3 变电站母线 断路器 电缆4 断路器 开环点 开环点 联络1 联络2	可以串接多个开闭所，形成类似于架空线路的分段联络接线模式，供电可靠性较高，运行较为灵活。在满足N-1的前提下，主干线正常运行时的负载率为50%～75%		适用于城市核心区、繁华地区、重要用户供电以及负荷密度及可靠性要求较高的区域
N供一备	断路器 断路器 断路器 断路器 常开 常开 常开 常闭	N供一备结构随着供电线路条数N值的不同，线路的利用率为$\frac{N-1}{N}$，电网的运行灵活性和线路的平均负载率均有所不同，N越大，负载率越高。备用线路亦可作为完善现状网架的改造措施，用来缓解运行线路重载，以及增加不同方向间的电源	$N>4$时，接线结构比较复杂，操作繁琐，同时联络线的长度较长，投资较大，线路负载率提高的优势也不再明显	适用于负荷较大，密度较高，容量集中，可靠性要求较高的区域

目前，我国广泛采用的配电网网架结构主要是环网供电和以开关站为中心的辐射式接线。而辐射式接线方式由于不满足 N-1 要求，可靠性较低，不满足配电自动化对网架结构的要求，在未来配电网中将逐渐被淘汰。在配电网建设中，应根据区域类别、地区负荷、地区发展规划等多种因素，选择相应接线方式。同时，配电网网架结构应尽量简洁，减少结构种类，以利于配电自动化的建设实施。不同供电区域对应的网络结构见表 2-3。

表 2-3   不同供电区域对应的网络结构

供电区域类型	推 荐 网 络 结 构
A 类	电缆线路：双环式、单环式、双射式、对射式、N 供一备（$N \geq 2$）
	架空线路：多分段适度联络
B 类	架空线路：多分段适度联络、单联络
	电缆线路：单环式、双射式、对射式
C 类	架空线路：多分段适度联络、单联络、单辐射
	电缆线路：单环式
D 类	架空线路：多分段适度联络、单联络、单辐射
E 类	架空线路：单联络、单辐射

2.2 配电网一次设备

本节主要介绍配电网设备设施，主要包括开关类设备、箱式变电站、配电变压器以及电压/电流互感器等。

2.2.1 开关类设备

（1）柱上开关设备：

1）柱上断路器。柱上断路器是指在配电网架空线路上可以遥控、手动或其他方式关合和开断配电线路正常和故障电流的开关设备，具有很强的灭弧能力，可切断故障电流，配备含微机保护的控制器，可实现对分支线路的保护。柱上断路器可配置电流互感器、增加电动操动机构及辅助触点等以满足远方监控的要求。断路器实物和断路器内部结构分别见图 2-2 和图 2-3。

图 2-2 ZW32 断路器实物图

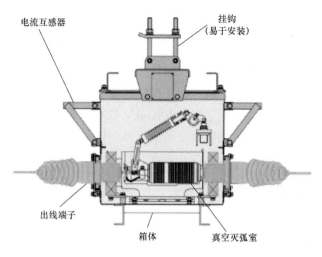

图 2-3 ZW20 断路器内部结构图

2）柱上负荷开关。柱上负荷开关是指在架空线路上用来关合和开断额定电流或规定过载电流的开关设备，适合于频繁操作的应用场合。与柱上断路器类似，柱上负荷开关可配置电流互感器、增加电动操动机构及辅助触点等以满足远方监控的要求。柱上负荷开关实物见图 2-4。

（2）电缆开关设备：

1）环网柜。环网柜较多应用在 10kV 及以下电缆线路环网供电，可分为户内及户外环网柜。环网柜可根据远方监控的需求加装电动操动机构、电流互感器、电压互感器及增加遥信、遥测与遥控的二次回路，以满足配电自动化终端设备信息采集的要求。户外智能真空环网柜实物见图 2-5。

图 2-4 柱上负荷开关实物图

图 2-5 户外智能真空环网柜实物图

2）开关站。开关站设有中压配电进出线，可对功率进行再分配的配电装置，相当于变电站母线的延伸，必要时可附设配电变压器，实现电能的转换。目前，多数开关站具备综合自动化系统，可通过数据转发方式接入配电自动化系统主站以满足远方监控的要求。开关站见图2-6。

2.2.2 箱式变电站

箱式变电站也称预装式变电站或组合式变电站，是由中压开关、配电变压器、低压出线开关、无功补偿装置和计量装置等设备共同安装于一个封闭箱体内的户外配电装置，适用于额定电压 10/0.4kV 三相交流系统中，作为线路分段和分配电能之用。箱式变电站可以安装配电自动化终端设备，实现与配电自动化系统主站的数据传输和远程监控、管理。箱式变电站实物见图 2-7。

图 2-6　开关站　　　　　　　　　图 2-7　箱式变电站

2.2.3 配电变压器

配电变压器作为将电能直接分配给低压用户的电力设备，其运行数据的实时监测是配电自动化系统的一个重要组成部分。配电变压器可以安装配变终端接入配电自动化系统主站，实现信号的实时采集及远传。配电变压器实物见图 2-8 和图 2-9。

图 2-8　油浸式配电变压器　　　　　图 2-9　非晶合金配电变压器

2.2.4 互感器

互感器的主要功能是将高电压或大电流按比例变换成标准低电压（100V）或标准小电流（5A 或 1A，均指额定值），以实现测量仪表、保护设备及自动控制设备的标准化、小型化，同时互感器还可用来隔开高电压系统，以保证人身和设备的安全。互感器按测量对象可分为电压互感器（Voltage Transformer，TV）和电流互感器（Current Transformer，TA），其中电压互感器除提供测量电压外，还为配电自动化终端及通信设备提供电源，是目前配电自动化终端设备的主要取电方式。根据互感器工作原理及电网安全运行要求，电压互感器二次侧不能短路，电流互感器二次侧不能开路。电压互感器和电流互感器的外形分别见图2-10和图2-11。

图 2-10　电压互感器　　　　　　图 2-11　电流互感器

2.3　配电网中性点接地方式及保护模式

2.3.1　配电网中性点接地方式

我国的电力系统按照中性点接地方式的不同可分为大电流接地系统和小电流接地系统。大电流接地系统就是指中性点有效接地方式，包括中性点直接接地和中性点经小阻抗接地等接线方式；小电流接地系统就是指中性点非有效接地方式，包括中性点不接地、中性点经高阻接地和中性点经消弧线圈接地等接线方式。在大电流接地系统中发生单相接地故障时，由于存在短路回路，所以接地相电流很大，会启动保护装置动作跳闸；在小电流接地系统中发生单相接地故障时，由于中性点非有效接地，故障点不会产生大的短路电流，因此允许系统短时间带故障运行，这对于减少用户停电时间，提高供电可靠性是非常有意义的。

（1）大电流接地系统的特点：

1）当配电线路发生单相接地故障时，由于采用中性点有效接地方式存在短路回路，所以接地相电流很大。

2）为了防止损坏设备，必须迅速切除接地相甚至三相供电线路。

3）由于故障时不会发生非接地相对地电压升高的问题，对于系统的绝缘性能要求也相应降低。

（2）小电流接地系统的特点：

1）由于中性点非有效接地，当系统发生单相短路接地时，故障点不会产生大的短路电流。因此，可允许系统短时间带故障运行。

2）采用此接地方式的配电网供电系统对于减少用户停电时间，提高供电可靠性非常有意义。

3）当系统带故障运行时，非故障相对地电压将上升很高，容易引发各种过电压，危及系统绝缘，严重时会导致单相瞬时性接地故障发展成单相永久接地故障或两相故障。

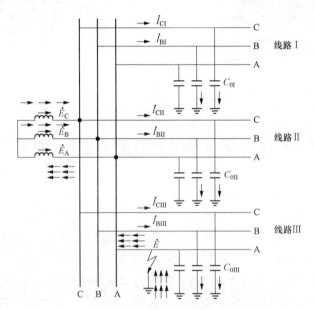

图 2-12　中性点不接地系统单相接地时电流分布图

如图 2-12 所示网络，设三相对地电容相等，并用集中参数 C_{0I}、C_{0II} 和 C_{0III} 表示，线路III的 A 相发生接地，忽略电网对地绝缘电阻。当 A 相在 E 点发生接地时，如果忽略负荷电流和对地电容电流在线路上产生的压降，全系统 A 相的对地电压均为零，因而各条线路 A 相对地电容电流也为零，同时 B 相和 C 相的对地电压升高 $\sqrt{3}$ 倍。在非故障线路 I 和 II 上，A 相对地电流为零，B 相和 C 相中流有本身的电容电流 $\dot{I}_{BI}$、$\dot{I}_{CI}$、$\dot{I}_{BII}$ 和 $\dot{I}_{CII}$。发生故障的线路III，在 B

相和 C 相上，与非故障线路一样，流有它本身的电容电流 $\dot{I}_{\mathrm{BIII}}$ 和 $\dot{I}_{\mathrm{CIII}}$，而不同之处是在接地点 E 要流回全系统 B 相和 C 相对地电容电流之总和，其值为：$\dot{I}_{\mathrm{E}} = (\dot{I}_{\mathrm{BI}} + \dot{I}_{\mathrm{CI}}) + (\dot{I}_{\mathrm{BII}} + \dot{I}_{\mathrm{CII}}) + (\dot{I}_{\mathrm{BIII}} + \dot{I}_{\mathrm{CIII}})$。

2.3.2 配电网继电保护模式

配电网的电压等级相对输电网较低，其故障相对于输电网故障对电力元件的危害程度及影响范围都小，且一般不会带来电力系统稳定的问题，其继电保护并不像输电网保护那样追求超高速动作（动作时间在 20ms 以内），其保护配置模式相对输电网也有所不同，一般而言，配电网继电保护的主要可分为以下两种：

（1）架空线路的继电保护。我国配电网架空线路的中性点一般采用小电流接地方式，允许架空线路在出现单相接地故障时继续运行一段时间（1～2h），只需要配备相间短路保护。目前，配电网架空线路一般采用三级保护配置方式：第一级为变电站出口断路器保护，配置三段式电流保护，采用单次重合闸；第二级为分支线保护，安装分支分界开关等带故障切除的设备，可实现分支故障的检测与故障切除；第三级为配电变压器保护，一般采用跌落式熔断器保护。由于配电线路比较短，不同地点的短路电流差别不明显，这三级保护之间难以通过电流定值进行配合，特别是熔断器保护，一般采用反时限的熔断特性，难以与速断、定时限过流等保护配合，且其无法实现定值的整定，故实际应用中，运行人员关注更多的是变电站出口断路器与配电线路分支开关之间的配合。

（2）电缆线路的继电保护。电缆线路的继电保护模式与架空线路类似，不同点在于我国一些大城市的电缆线路在不断铺设中，其电容电流逐步增加，采用消弧线圈已经难以满足接地熄弧的要求，故中性点采用小电阻接地方式，其单相接地故障电流具有一定的幅值（一般大于 300A），长时故障对电网部件安全存在影响。因此，需要配备单相接地短路保护，一般采用零序电流保护。电缆线路相间短路保护的整定配合与架空线路类似。

配电网继电保护还存在着一些问题：

（1）小电流接地故障选线困难。实际配电网的故障绝大多数为单相接地故障，约占 60%～85%；其次是两相故障（包括两相接地短路故障），不到 15%；三相故障的比例则较低，不到 5%。为避免单相接地故障造成的停电，我国 35kV以下电压等级的中压配电网大多采用中性点非直接接地（不接地与谐振接地）

方式。非直接接地系统的单相接地故障电流非常小（数安培至数十安培），称为小电流接地故障。

由于小电流接地故障时电流微弱且不稳定，其选线定位问题是一个长期困扰供电企业的难题。长期以来，由于缺少成熟可靠的选线技术，供电企业不得不通过逐一拉路选择故障线路，使健全线路出现不必要的短时停电，对用户造成影响。

（2）瞬时性故障比例大。配电网主要分布在人们活动频繁的地区，易受外力破坏，且防雷能力相对较弱，因而配电网的故障率很高。据统计，我国 10kV 配电网线路年平均故障跳闸率（包括配电变压器、开关设备故障）为 0.1～0.4 次/km，输电线路的年平均故障跳闸率为 0.002～0.008 次/km。可见，配电线路的故障率远远高于输电线路。此外，配电网故障中的瞬时性故障约占 70%～90%，其中小电流接地故障中的瞬时性故障比例更高，约为 95%以上。

（3）分布式电源接入对保护的影响。随着智能电网的发展和分布式电源大量接入配电网，使得原来由单一系统电源供电的配电网变为多电源的配电网，配电网已成为一个功率双向流动的有源网络，系统的潮流将重新分布。发生短路故障时，故障电流的大小和流向会发生很大变化。分布式电源接入的位置不同，故障电流的大小和流向也会不同，因而对保护动作行为的影响也就不同。目前国内的分布式电源并网技术导则对分布式电源容量进行了限制（如：不得超过接入线路最大负荷容量的 10%），以达到不影响现有配电网保护正确动作，但同时也限制了分布式电源作用的发挥，影响了分布式电源并网的效益。因此，如何借助配电自动化系统，改进常规的配电网继电保护策略，实现分布式能源高渗透接入配电网后的分布智能控制，成为未来有源配电网保护技术的发展重点。

（4）分支保护与变电站出口保护的配合问题。配电线路相对主网都比较短，不同地点，特别是配电线路近区分支线路发生短路时，流经分支线路与变电站出口断路器的短路电流差别不明显，这使得两级保护之间难以通过电流定值进行配合，往往要求变电站出口断路器的速断时间能有一定的延时，以确保保护之间的配合性。但在应用中，考虑到配电线路近区短路时故障电流较大，对主变低压侧有一定冲击，故运行单位往往反对调整变电站出口断路器的速断时间，造成配电线路分支保护与变电站出口保护失配的情况。

配电自动化系统

3.1 配电自动化体系结构

配电自动化系统是实现配电网运行监视和控制的自动化系统，具备配电SCADA（Supervisory Control And Data Acquisition）监视控制及数据采集、故障处理、分析应用及与相关应用系统互连等功能，主要由配电自动化系统主站、配电自动化系统子站（可选）、配电自动化终端和通信网络等部分组成，体系结构如图 3-1 所示。

配电自动化系统主站（简称配电主站）是实现配电自动化功能的人机界面、数据存储与处理、具体应用功能集成等的计算机系统，主要由计算机硬件、操作系统、支撑平台软件和配电网应用软件组成。其中，支撑平台包括系统数据总线和平台基本服务，配电网应用软件包括配电 SCADA 等基本功能以及网络分析应用等扩展功能，支持通过信息交换总线实现与其他相关系统的信息交互。配电自动化系统主站内部通信及与其他相关系统的通信应满足安全防护的规定。

配电自动化系统主站应构建在标准、通用的软硬件基础平台上，具备可靠性、可用性、扩展性和安全性，并根据各地区配电网规模、实际需求和配电自动化的应用基础等情况选择和配置软硬件。配电自动化系统主站的功能分为公共服务、配电 SCADA 功能、馈线故障处理、网络分析应用和智能化功能。

配电自动化系统主站的基本功能包括数据采集、数据处理、控制与操作、防误闭锁、事件顺序记录、事故回放、系统对时、故障定位、网络拓扑着色、配电自动化终端在线管理和配电通信网络工况监视等，与上一级电网调度（一般指地区电网调度）自动化系统和生产管理系统（或配电 GIS 应用系统）互连，建立完整的配电网拓扑模型。

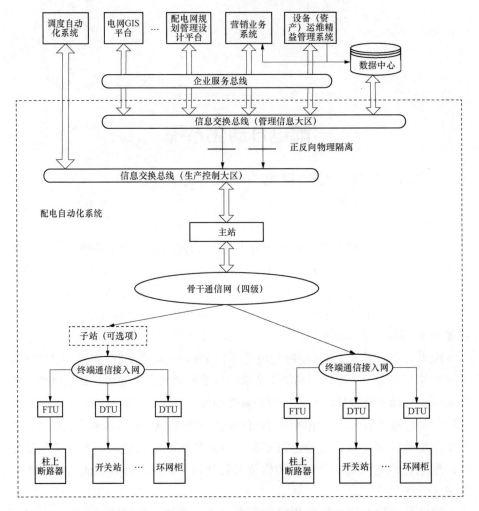

图 3-1 配电自动化系统构成

配电自动化系统主站扩展功能包括：①馈线故障处理：与配电自动化终端配合，实现故障的自动隔离和非故障区域恢复供电；②配电网分析应用：网络拓扑分析、潮流计算、合环分析、负荷转供、状态估计、负荷预测等；③智能化功能：配电网自愈（快速仿真、预警分析）、计及分布式电源/储能装置/微电网运行控制及应用、经济优化运行以及与其他智能应用系统的互动等。

配电通信系统是配电自动化系统的基础，主要实现对配电自动化系统主站、配电自动化终端之间信息传输，实现对遥测、遥信等基本信息的上传，主站控制命令的下达。配电自动化终端分布广、所处地形复杂，对通信要求程度不一，可根据具体情况采用一种或多种通信方式。常用的通信方式主要包括有线和无线两种通信方式，有线通信包括光纤通信、音频电缆通信、电力线载波通信等；无线通信包括微波通信、无线电通信、GPRS（CDMA）通信、无线专网通信等。

配电自动化终端（简称配电终端）是安装在配电网的各种远方监测、控制单元的总称，完成数据采集、控制、通信等功能。配电自动化终端具备二次安全防护的能力，可完成对配电自动化系统主站遥控加密报文的解析、处理，采用的通信规约主要是 IEC 60870-5-101、IEC 60870-5-104 或 IEC 61850 等通信标准。

3.2　配电自动化系统主站

3.2.1　配电自动化系统主站结构

配电自动化系统主站应按照标准性、可靠性、可用性、安全性、扩展性、先进性原则进行建设。配电自动化系统主站完成对配电网信息的采集、处理与存储，并结合采集处理的信息对配电网进行分析、计算和决策控制，是配电自动化系统的核心。

配电自动化系统主站主要由计算机硬件、操作系统、支撑平台软件和配电网应用软件组成。其中，支撑平台包括系统数据总线和平台基本服务，配电网应用软件包括配电 SCADA 等基本功能以及网络分析应用等扩展功能，支持通过信息交换总线实现与其他相关系统的信息交互。

1. 系统硬件

配电自动化系统主站的硬件设备主要包括服务器、工作站、存储设备、安全防护设备以及交换机、路由器等网络设备。为了确保系统运行的稳定性，各关键节点的硬件设备采用冗余配置，网络采用双以太网局域网结构，网络数据流的特征是实时性要求强。配电自动化系统主站硬件布置图如图 3-2 所示。

系统主站从应用分布上主要分为生产控制大区、公网数据采集安全接入区、管理信息大区 3 个部分。

（1）生产控制大区。生产控制大区是配电自动化系统主站的核心区，是完成数据采集处理、存储以及应用分析的区域，其硬件设备包括前置服务器、SCADA 服务器、配电网应用服务器、数据库服务器、接口适配服务器、磁盘阵列以及工作站等，其功能如表 3-1 所示。

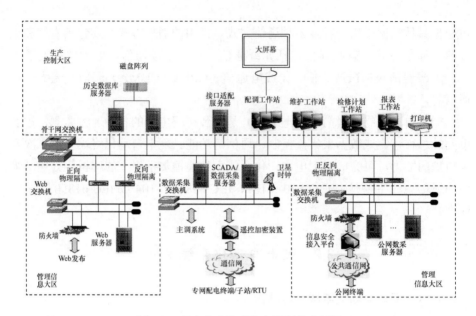

图 3-2　配电自动化系统主站硬件布置图

表 3-1　　　　　　　　　　　**生产控制大区硬件配置表**

安全区	硬件配置	功　能　说　明
生产控制大区	前置服务器	完成配电 SCADA 数据采集、系统时钟和对时的功能
	SCADA 服务器	完成配电 SCADA 数据处理、操作与控制、事故反演、多态多应用、模型管理、权限管理、告警服务、报表管理、系统运行管理、终端运行工况监视等功能
	配电网应用服务器	完成馈线故障处理、电网分析应用、配电网实时调度管理、智能化应用等功能。在配电自动化系统主站处理负载率符合指标的情况下，可以将配电网应用服务器与 SCADA 服务器合并
	数据库服务器	完成数据库管理、数据备份与恢复、数据记录等功能
	接口适配服务器	完成与外部系统的信息交互功能
	磁盘阵列	完成数据的存储与备份
	工作站	包括配调工作站、检修计划工作站、报表工作站、维护工作站等

（2）公网数据采集安全接入区。配电网设备点多面广，呈海量性分布，要通过铺设光纤实现所有配电站点的全覆盖，将面临投资成本高、施工运维难度大等问题。为了实现配电自动化的快速覆盖，无线公网就成为了弥补光纤通信不足的配电自动化通信方式，考虑到无线公网信息采集及通信的安全防护性较

光纤通信低，按照国家能源局相关规定，采用无线公网采集的信息经专门的公网数据采集区进入配电自动化系统主站。

公网数据采集安全接入区主要完成经无线公网接入的配电自动化终端上送信息的采集及处理，主要的设备是无线公网采集前置服务器、网络交换设备以及实现对配电自动化终端身份识别、信息加密的安全防护设备，公网数据采集安全接入区硬件配置见表 3-2。

表 3-2　　　　　　　　　　公网数据采集安全接入区硬件配置表

安全区	硬件配置	功　能　说　明
公网数据采集安全接入区	无线公网前置服务器	完成公网配电信息终端（FTU、TTU 等）的实时数据采集
	网络交换设备	扩大网络的器材，为子网络中提供更多的连接端口，以便连接更多的计算机
	安全防护设备	实现对配电自动化终端身份识别、信息加密

（3）管理信息大区。管理信息大区的设备主要包括 Web 发布服务器、信息交互服务器、磁盘阵列以及相应的网络设备。管理信息大区设备的主要作用有两点：一是实现配电自动化生产控制大区实时信息的网上同步发布，便于运行值班人员掌握配电网运行情况；二是完成与管理信息大区其他信息化系统的互联，以扩大配电自动化系统分析应用的范围。管理信息大区硬件配置见表 3-3。

表 3-3　　　　　　　　　　管理信息大区硬件配置表

安全区	硬件配置	功　能　说　明
管理信息大区	Web 发布服务器	完成安全Ⅰ区配电 SCADA 数据信息的网上发布功能
	信息交互服务器	完成信息交互功能
	磁盘阵列	完成数据的存储与备份

2. 系统软件

配电自动化系统主站的软件按各自功能可分为操作系统、支撑平台软件及系统应用软件，结构如图 3-3 所示。

（1）操作系统。配电自动化系统主站计算机的操作系统，是整个软件系统的基础。

配电自动化系统主站要求较高的稳定性，早期的配电自动化系统主站一般采用 Unix 操作系统，其被公认为性能最稳定、扩展最方便的操作系统，但是因

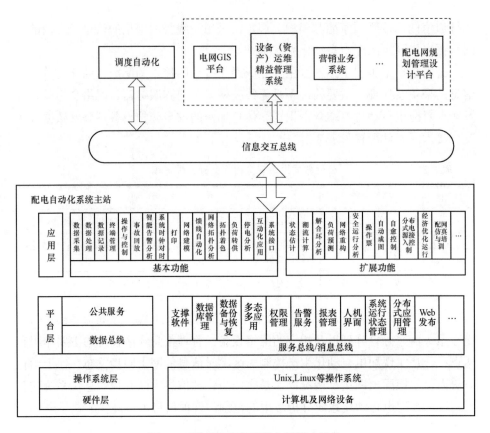

图 3-3　配电自动化系统主站组成结构

为它有使用复杂、支持开发的工具少、各厂家提供的版本不统一等弊端，限制了大规模推广使用。Linux 操作系统是近几年兴起的自由共享软件，它具有性能稳定、扩展方便、开源率高等特点，目前大部分厂商已开发出基于 Linux 操作系统的配电自动化系统主站，并用于实际工程中。

（2）支撑平台软件。支撑平台软件又称支撑软件或支撑环境，在操作系统基础上构建，为具体应用软件提供数据存储、处理、显示、制表以及网络通信、数据交换、系统管理服务。支撑平台软件介于操作系统与应用软件之间，直接决定了系统是否具有良好的开放性及扩展能力。支撑平台软件的主要组成部分有：

1）数据总线层。数据总线层由数据库管理系统以及相应的数据访问中间件等构成，为应用软件的数据存储与数据访问提供支撑。这里重点介绍一下数据总线层的核心数据库管理系统。

数据库是由储存在硬盘上的文件构成的，用于记录和保持配电网运行及管理数据。一个通用的管理机制用来搜索和更新数据，称为数据库管理系统（DBMS，Data Base Management System）。在配电自动化系统中，数据库管理系统是实现有组织、动态的存储大量电网数据，方便多用户访问的由计算机软硬件资源组成的系统。配电自动化系统中无论是 SCADA 程序还是各种高级应用程序，其功能的最终操作对象都是数据库，可以说，数据库管理系统就是配电自动化系统主站的核心。

配电自动化系统的数据库分为实时数据库和历史数据库两种，数据库结构如图 3-4 所示。

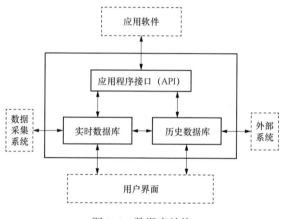

图 3-4　数据库结构

历史数据库主要记录保持配电网运行数据，如电压、电流、负荷曲线、开关动作事件顺序记录、电网故障信息以及管理数据（电网拓扑关系、设备信息等），一般选用 ORACLE、SYBASE、国产的金仓等专业软件商开发的商用关系型数据库。这些数据库由一系列的表格构成，用户可以使用标准的 SQL（Structured Query Language）语言访问数据库。这些商用关系型数据库功能完善，可以进行数据库内数据运算，对数据进行加密保护，通过通用的、标准的数据库应用程序接口（Application Program Interface，API），可将这些数据提供给其他系统使用。商用关系型数据库系统还提供图形化的浏览器、编辑器，用来进行录入数据、浏览数据库逻辑结构及全部内容。

实时数据库主要用于实时数据的存储，考虑其对实时性的要求，一般采用电力自动化软件商自行开发的实时数据库，以保存反映配电网实时运行数据。实时数据库具有一般数据库管理系统的功能，采用传统关系型数据库与内存数据库集成的方案，是传统数据库与实时处理两者功能特性的集成。实时数据库的结构包括实时任务调度与管理、内存数据库、I/O 调度以及关系型数据库。"实时任务调度与管理"用来协调各个实时任务的活动，"内存数据库"主要运行在内存中，使每个实时事务执行过程中避免了磁盘 I/O，提高了执行的效率，"关系型数据库"在实时数据库中作为第三方、用户二次开发接口以及内存数据库的存储介质，"I/O 调度"负责内存数据库与关系型数据库之间数据的同步调度。

2）公共服务层。公共服务层指为应用软件提供显示、管理等服务的各种工具，公共服务偏向于通用的工具，而不像应用软件则是偏向于解决业务领域的问题。公共服务包括多态多应用、图形模型管理、权限管理、报表管理、人机界面管理、告警服务、Web 服务和系统运行状态管理等，以下列举几个方面进行介绍。

a．图形模型管理。系统应提供一套先进的图形制导系统，图形和数据库录入一体化，作图的同时可在图形上录入数据库，使作图和录入数据一次完成，自动建立图形上的设备和数据库中的数据的对应关系，所见即所得，快速生成系统。利用图模库一体化技术根据接线图上的连接关系自动建立整个电网的网络拓扑关系，大大简化了配电自动化系统的工程化工作和维护工作，而且保证了维护工作的正确性，避免人为错误，保证图形、模型、数据库的一致性，减少建模和建库时间。

b．权限管理。配电自动化系统提供从主站向配电自动化终端设备实施操作的功能，因此存在误操作、越级操作、非法用户操控的可能性。权限管理一般通过进行操作权限分组、角色管理、密码检测、访问控制、操作事务管理等措施达到权限合理适度管理的目的。

c．报表管理。报表管理主要为各种应用提供统计报表的编辑、报表的预览及打印等功能，比如制作系统运行指标统计分析报表等。其数据性质既包括实时数据，也包括历史数据、还包括统计数据和计算数据。

d．人机界面管理。系统的人机界面是操作者和计算机程序之间的交互接口。人机界面支撑系统不仅支持画面系统，而且提供例程并通过回调函数与应用程序进行交互。在应用软件侧通常存在各自的专用进程或模块来处理这种人机交互。在专用进程中可进行复杂的数据处理，这样就实现了应用软件中各种与人机界面相关的功能。例如：SCADA 应用有许多需要通过画面进行人机交互的功能，如人工置数、控制操作、挂牌等；告警处理应用中的告警定义、告警显示定义和告警人工确认等。

e．告警服务。最常见的报警或事件通常是由于配电网的异常情况、软硬件系统的异常状态等引起的，如电网事故引起的状态变化、量测越限以及软硬件系统设备故障等。实际应用中不仅 SCADA 应用会产生报警或事件，系统主站的应用软件也会产生报警或事件，比如潮流计算不收敛、主备进程切换等。因此需要由统一平台提供的告警服务来统一处理各种报警和事件，并根据定义以某种方式发出告警信息，如推画面、声光报警等，同时对各种事件分开进行记录、保存和打印，并提供检索、分析等服务。

f．Web 服务。提供基于 JAVA 等先进技术的浏览器功能模块，这给调度自动化系统的功能和应用范围带来了极大的扩展。MIS 网上的用户通过局域网，使用自己的 PC 机即可访问 SCADA 系统的各种画面、实时数据和历史信息，可在异地通过拨号上网查询电网的运行情况。

g．系统运行状态管理。包括系统的进程管理、冗余配置管理、资源管理、运行监视，提供一整套的管理服务协助各应用系统的功能实现，而不需要各应用自行实现各自的管理机制。

（3）系统应用软件。应用软件是在操作系统、支撑平台基础上开发的，实现配电自动化应用功能的程序，包括基本功能应用软件及扩展功能应用软件两部分。应用软件在使用数据库系统里的数据时，许多不同的应用程序可能使用同一个接口程序。应用程序与数据分离，可以很方便地开发新的应用程序，而不必改变数据库的结构。

基本应用软件是指完成数据采集与监控（SCADA）应用软件、拓扑着色、事故回放、信息分区与分级处理、系统对时、系统互连、馈线自动化等功能的软件。

扩展应用软件是指状态估计、潮流分析、负荷预测、网络重构、经济运行等高级配电自动化应用功能的软件。

3.2.2 配电自动化系统主站 SCADA 功能

SCADA 系统为 "Supervisory Control And Data Acquisition" 的缩写，即 "监视控制和数据采集"。SCADA 系统整体框图如图 3-5 所示。它是配电自动化系统的基础和核心，负责采集和处理电力系统运行中的各种实时和非实时数据，是配电自动化系统中各种应用软件主要的数据来源，也是配电自动化系统调试的重点。

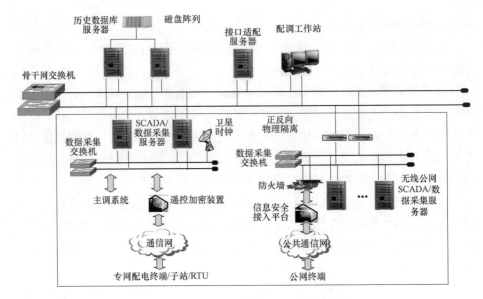

图 3-5　配电自动化系统 SCADA 整体框图

1. 配电 SCADA 系统的功能

从功能上看，配电 SCADA 系统和其他系统的 SCADA 大致相同，主要实现"三遥"和 SOE（Sequence of Event，事件顺序记录）信息功能：

遥信：采集配电网的各种开关设备实时状态，通过配电网的信道送到监控计算机。

遥测：采集配电网的各种电能（如电流、电压、电度、用户负荷等）的实时数值，通过配电网的信道送到监控计算机。

遥控：操作人员通过监控计算机发送开关分合指令，通过配电网信道传达到现场，使现场执行机构操作开关的开合，达到给用户送电、停电等目的。

SOE 信息：从现场配电自动化终端发向配电网调度控制中心的带有发生时间标志的事件记录。终端所发生的事件包括断路器跳闸、保护动作等。要求时间分辨率±10ms。SOE 信息可用于事故发生后分析故障类型、继电保护动作与断路器跳闸的次序等。

此外，主站系统 SCADA 功能也同样要给监控操作人员提供画面，要给电力系统其他高级管理软件提供数据共享的接口。

2. 配电 SCADA 系统的任务

SCADA 功能是配电自动化的基础，作为电力系统自动化系统的一个底层模块，配电 SCADA 系统肩负着以下重要的任务：

（1）向配电网的调度、管理人员提供配电网的实时数据、信息，方便他们了解配电网的实施情况和负荷变化的趋势；

（2）为各种配电自动化高级功能软件提供准确、及时的信息，从而实现对配电网乃至整个电网的优化控制、调度、故障预测和排除，提高供电质量、供电可靠性和安全性；

（3）用远方遥控代替手工操作，提高工作效率，减轻运行、操作、维护人员的劳动强度。

3. 配电 SCADA 系统的特点

相比于传统的调度自动化系统，配电自动化的起步与发展较晚，但配电 SCADA 系统比输电的 SCADA 系统更为复杂，具有独特性，主要表现为：

（1）配电网设备的海量性使其数据采集量一般要比输电网多出一个数量级；

（2）配电网设备分布面广，其要采集的数据分散、点多、但每一点信息量较少，其对通信系统提出了比输电网更高的要求；

（3）配电网直接连接用户，由于用户的增容、拆迁、改动等原因，使得配电网 SCADA 系统的图形、模型以及采集的信息点及内容经常变动，SCADA 信息的创建、维护、扩展等工作量相当大；

（4）配电网的操作频度远比输电网多；

（5）相对调度自动化系统，配电自动化系统对故障处理的模式不同，需要有建立在 SCADA 系统之上的具有快速故障定位、故障隔离以及恢复供电能力的馈线自动化软件。

4. 配电 SCADA 系统的组成

配电 SCADA 系统由系统支撑平台、前置子系统、后台子系统及软件等部分组成。其中系统支撑平台即为配电自动化系统主站的系统支撑平台，这里不再复述。前置子系统、后台子系统及软件通过局域网相联进行通信，其中前置子系统主要完成与终端和配电网调度控制中心的通信，并将获得的数据发送给后台子系统，后台子系统负责数据的处理。配电 SCADA 系统将经过处理的系统状态数据存储在数据库中，配电自动化系统主站画面通过联结数据库，直观地呈现配电网运行状态。

（1）前置子系统。前置子系统作为配电自动化系统实时数据输入、输出的中心，承担了系统主站与各配电自动化终端之间的实时数据通信处理任务。前置子系统包括冗余配置的前置服务器 FEP（Front End Processor）、网络通道设备及与前置处理机配套的安全防护设备。同时，GPS 或北斗系统将为前置子系统提供标准时间，同步前置处理机的时间，进而同步各厂站端、后台子系统各服务器的时间，网络通道设备为冗余配置的路由器。为确保前置子系统对配电自动化终端的控制指令的正确，避免电力设备的恶意操作，前置子系统需配置用于身份识别与控制指令加密的安全防护设备。前置子系统的体系结构如图3-6所示。

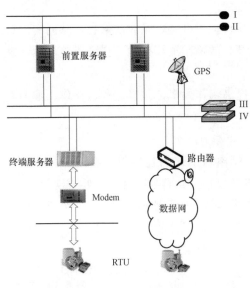

图 3-6　前置子系统的体系结构

前置子系统的基本任务，包括通道规约的组织和解释、通道的编码与解码、通道的切换及故障统计、遥测量的标度变换、命令传递、系统对时、采集资源的合理分配、通信报文监视与保存、设备或进程异常告警等，详细情况介绍如下：

1）通信规约的组织和解释。按照各种通信规约对接收或发送的数据进行解释或组织。对规约的解释往往由若干个不同的通信规约解释进程独立运行，以满足海量配电自动化终端接入的要求。

2）通道的编码与解码。按照配电自动化通道的具体通信设置进行编码与解码工作，支持通道采用各种波特率、各种校验方式，支持同步模式或异步模式传输，能很好的适应目前配电自动化所采用的光纤与无线通道。

3）通道的切换及故障统计。按照通道切换的策略，如通道具备硬件切换装置，则可执行终端不同通信方式或者不同通信通道的硬件切换。根据通道误码率或误字率、通道每小时通信故障次数给出通道故障统计。

4）遥测量的标度变换。由配电自动化终端上送的未经处理的遥测量数值称为生数据，便于调度员理解的转换为工程单位量的遥测量数值称为熟数据。生数据必须经过标度变换才成为熟数据。如果产生生数据的信息转换都是线性的，则生数据只需乘以标度变换系数就可得到熟数据；如果信息转换是非线性，则需给出分段折线方式的标度变换系数。

5）命令传递。包括系统主站对各个配电自动化终端的控制、参数下装等命令，支持多种控制请求方式，支持各种网络接口，支持多种通信协议。

6）系统对时。与 GPS 或北斗系统进行对时操作。前置处理机作为提供时间同步服务的系统时钟服务器对 SCADA 全系统进行对时。前置处理机与天文钟的对时可以采用 SNTP（简单网络时间协议），使时差降到最低，确保系统的时钟与天文钟保持一致。目前，配电自动化系统前置子系统与配电自动化终端之间采用通信规约对时的方式。

7）采集资源的合理分配。在所有正常的采集资源过程中，对资源进行智能的合理分配，多台前置机之间协调管理所有的通信值班任务。总体原则是对于同一个终端的多个通道会被分配在不同的机器上处理，对于全部的通信值班任务按照负荷均分的原则。

8）通信报文监视与保存。提供通信报文的实时监视，包括对不同规约报文的报文翻译、报文请求应答次序监视、对固定报文的自动验证、对校验码的人工校验和厂站端远动通信调试等。可以对通信规约进行预约保存或者同步保存。

9）设备或进程异常告警。对前置系统中的运行设备和核心进程进行实时的监控，提供实时报警服务，当主要进程故障或异常时自动进行任务转移，同时告警。

（2）SCADA 后台子系统及软件。SCADA 后台子系统的主要功能有数据处理、控制和调节、计算量运算、告警处理、历史数据存储、拓扑着色、事故反演等。

数据处理和控制调节是 SCADA 应用的基本功能，主要实现与前置系统的通信，并完成 SCADA 系统最基本的遥信、遥测、遥控、遥调功能。由计算量运算软件计算 SCADA 系统实时数据库内的派生量，计算结果可以和其他非计算量一样进行数据处理。告警处理调用配电自动化系统主站的告警管理模块，包括 SCADA 应用软件在数据处理和控制调节中的报警。历史数据存储软件采集并存储了历史数据，作为调度计划的数据基础和用于运行报表的制作。拓扑着色软件通过不同颜色在配电线路图上动态而直观地反映系统解列情况和每个设备当前的带电状况。扰动后事故反演可以保存事故场景且进行事故场景的重演，以进行分析和研究。人机界面交互软件使操作者通过人机界面与应用程序进行交互，得以实现各种应用所需的功能。

1）数据处理功能：

a. 遥信量的处理——配电网中的遥信值及设备运行状态是系统其他数据处理的基础，也是系统可靠运行的关键，准确、及时、不丢失变位信息是遥信处理的核心。

前置服务器从配电自动化终端获取数据，经过初步处理，然后通过消息总线送至 SCADA 服务器，由 SCADA 通信处理模块进行后续处理，主要功能如下：①合理性检查。滤除无效数据，并给出告警，提示出错原因。②更新实时数据库。接收前置报文，更新后台实时数据库，这是最基本的功能。③单位遥信变位处理。收到前置送出的遥信变位信号后，如相应的状态量有取反标志则进行遥信取反。④双位遥信变位处理。在配电自动化终端侧，一个开关的遥信对应开关的动合触点、动断触点两个辅助触点的开关量。对双位校验出错的遥信形成遥信坏数据告警；对在指定时间内收到的双变位遥信且双位校验正确则按正常变位处理；在指定时间范围外先后收到的双变位遥信且双位校验正确，则分别形成主、辅遥信变位告警，以区别正常的变位。如果相应的状态量有取反标志则进行遥信取反。⑤事故判断。根据事故总信号、保护信号及开关状态判断开关是正常分闸还是事故跳闸。如果是事故跳闸则形成告警信息，发送到告警处理进程并保存至日志中，并可启动扰动后追忆的场景保存功能来保存。

b. 遥测量的处理——遥测量是配电网远方监视的一项重要内容。从配电自动化终端采集的遥测数据，是计算量运算及其他高级应用的基础。历史数据采样和实时数据追忆，都必须依赖准确可靠的实时遥测数据。部分遥测量，如有功功率、无功功率的正负与所规定的正方向有关，SCADA 系统应有统一的正方向规定。

前置服务器从配电自动化终端获取数据，经过初步处理，然后通过消息总线送至 SCADA 服务器，由 SCADA 遥测处理模块进行后续处理，主要功能如下：①合理性检查。滤除无效数据，并给出告警，提示出错原因。②更新实时数据库。接收前置报文，更新后台实时分布数据库，这是最基本的功能。③跳变处理。当数据的变化超过指定范围时，给出告警，并可启动扰动后追忆场景保存。④多数据源处理。一个遥测有多个数据来源，在数据库中存在多份定义，系统可根据各数据源优先级和数据质量进行数据的优选，也可人工选择数据源。⑤越限告警处理。为避免反复告警，每一限值对的上下限值内可设置上下限值的死区。限值对可以嵌套，通常为两重到四重限值对。某测点遥测值越上限，置越上限位，产生越限告警信息并发送到告警处理进程；该测点越上限后的后续遥测值，如已低于上限值但仍在上限值死区范围内，则保留该测点越上限位；该测点越限后的后续遥测值，如已低于上限值死区，则清除该测点越上限位。对于越下限值，进行类似的处理。

c. 事件顺序记录（SOE）的处理——事件顺序记录信息本质上是历史数据，它带有事件发生的时标。通常事件顺序记录处理是一个 SCADA 应用进程的模块，处理 SOE 信息仅仅把时标和事件内容分别以时间发生的先后顺序存入 SOE 信息数据库。

2）控制和调节：控制命令指的是从主站端发出的控制现场设备的命令，如分合一个开关。SCADA 应用软件的控制和调节功能的实现既提供对配电网设备进行直接控制调节的接口，又给配调人员提供通过画面进行人工控制调节的接口，还给配电自动化系统高级应用软件提供控制和调节的接口。SCADA 控制和调节功能的接口都是通过消息通信实现的。

a. 控制类型——数字控制：数字控制的输出是一个状态，如 0 或 1，用来控制现场设备的状态，如断路器的合分。脉冲控制：脉冲控制的输出是一个或一组脉冲，用来控制现场设备位置的变化和输出的变化，如上调或下调变压器分接头的位置。

b. 控制过程及方式——主要由配调员在单线图上人工启动控制和调节。控制调节模块也提供控制调节消息集（即消息化的应用编程接口 API），便于其他应用软件进行闭环控制。控制和调节需要遵循选择、返送校核后执行的原则，以避免误操作和通信干扰误码。返送校核就是信息反馈检错的差错控制方法，这是遥控操作必备的功能要求。

c. 控制过程的监视显示及记录——当控制命令发出后，能自动对控制过程进行监视，当在预定的时间内没有执行信息返回或要控制设备没有达到预定的状态和位置时，则给出超时错误信息。在控制操作过程中，每一步操作和执行的情况都有提示信息显示，并将操作者、执行结果等信息记录在日志数据库中。信息记录可以通过界面查看，也可以打印输出。

d. 控制点的闭锁和互锁——当一个操作者选择一个控制点后，为了避免冲突，在控制过程结束或控制中断之前它处于闭锁状态，其他人不能对已选设备进行控制和操作。也就是说，一个控制点的状态和其他点的状态有关，如线路的断路器处于分状态，才能对其相应的隔离开关进行控制操作。因此，对一个控制点可以定义它的互锁状态，只有当这些状态满足后才能进行控制。

e. 顺序控制——顺序控制实际上是由操作者预先定义和生成的一组命令，一次提交后，按照定义的次序依次执行；也可以选择分步执行。在定义顺序控制时必须考虑控制点之间的相互关系和互锁状态以及对非正常中断情况的处理。全自动方式的馈线自动化可以理解为一种基于线路拓扑和故障分析的顺序控制。

3）计算量运算。配电自动化 SCADA 系统里的计算量也称为派生量，是由几个现场采集的实时量经过运算后生成一个新的值。计算量主要用于线路总加、电流及一些没有测点的数据，类型可以是数字量、模拟量，也可以是脉冲计数量。通常计算量运算软件是驻留在 SCADA 服务器上，作为一个单独进程运行。为实现派生量计算要求，计算量运算软件要能访问实时数据库，取得所需的原始实时数据，并提供各种计算手段，提供各种启动的方法，运算结果能与 SCADA 应用以消息方式接口。具体要求如下：

a. 为满足多种多样的计算要求，计算量运算软件应该能实现四则运算和常用函数的数学计算、逻辑计算、统计计算及其任意组合的计算公式，可自定义函数，可间接调用操作系统例程和编译执行的计算程序等。

b. 对计算电能量可使用相应的有功功率、无功功率值进行积分累积，累积周期可以定义，计算公式也可以定义。

c. 派生出的计算量除了体现原始数据的运算结果以外，还表现它们的数据质量和状态。

d. 计算以周期或事件驱动执行。

e. 计算结果可以作为派生量的消息，通过消息总线分别进入遥测处理模块和遥信处理模块。

4）告警处理。配电自动化 SCADA 系统应提供通用的告警处理程序，作为一种公共服务为 SCADA 各应用服务提供告警支持，并支持告警分级、过滤、分流功能。SCADA 系统中告警处理是一个独立的进程，可以处理所有应用的报警消息。具体要求如下：

a. 报警消息格式——所有应用的报警消息具有统一格式，必须包括告警类型、告警时间、告警区域点名称、告警内容字段。

b. 报警消息定义——在告警处理程序中应该按应用分别定义该应用的报警消息集；应用的不同报警消息集可反映产生报警的应用模块；报警消息集中的报警消息定义包括报警消息名和严重等级字段，可作为告警原因和严重程度分类的基础。

c. 报警消息输出定义——根据报警消息定义可以输出至日志、可以立即打印输出、为表示警报的严重等级可以以不同的声音告警，也可以通过值班人员的电话或手机进行告警及召唤。

d. 告警信息队列——在告警处理进程中通常可定义三种严重等级，不同严重等级的报警消息按告警时间顺序归入不同严重等级的告警信息队列中。

e. 告警信息显示——包括按严重性等级、按应用或按终端分类列表显示。所有告警信息可按告警的时间顺序以列表方式显示。

f. 告警信息确认——包括人工确认或定时确认，可以在线定义和修改。

g. 告警信息删除——包括确认后自动删除、人工删除或产生报警的状态复归为正常状态时才自动删除，可以在线定义和修改。

h. 告警信息输出定义修改——可将告警信息在线定义和修改为立即打印或不打印；可将告警信息在线定义和修改为输出到日志或者非日志；可将告警信息在线定义和修改为音响输出或非音响输出方式；可将告警信息的电子值班在线定义和修改为电子值班或非电子值班。

5）历史数据的存储和统计计算。历史数据的采样和存储在历史数据服务器上进行。通常采用商用数据库作为历史数据库，定义历史数据存储结构和采样周期，可应用历史数据库中原始历史数据和商用数据库所提供的库函数来进行数据统计。支持用标准接口，如结构化查询语言 SQL 和开放数据库联接 ODBC，访问历史数据库。

历史数据库的定义主要是定义历史数据库的模式；定义要进行历史数据存储的数据点的标识信息，以确定历史数据同实时数据点的关系；定义一些参数如采样周期、统计周期、统计算法和历史数据保持时间。配电自动化系统主站数据库架构见图 3-7。

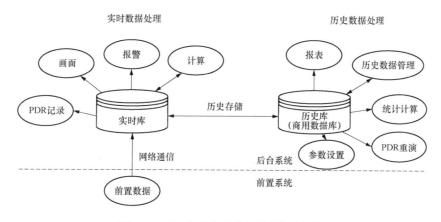

图 3-7　配电自动化系统主站数据库架构

6）拓扑着色。拓扑着色又称动态着色，是电力系统 SCADA 软件的特有功能。可以通过颜色在配电网接线图上动态而直观地反映系统解列情况，显示每个设备当前的带电状况。为实现拓扑着色功能，需要按配电网设备元件来定义 SCADA 的实时数据库，以便体现配电网设备元件之间的连接关系；SCADA 应用在处理遥信变位时将产生拓扑变化事件，该事件驱动拓扑着色应用或拓扑着色模块运行。配电自动化主站拓扑着色显示图如图3-8 所示。

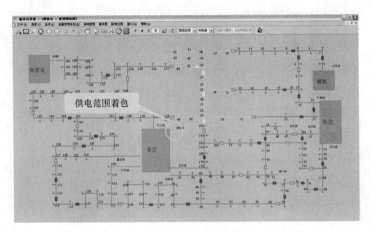

图 3-8　配电自动化主站拓扑着色显示图

7）事故追忆（PDR）与反演。事故追忆是数据处理系统的可选的增强功能。一个特定的事件发生后，PDR 可以重新展示扰动前后系统的运行情况和状态，甚至事故处理的过程，能追忆全部采集数据（模拟量、开关量等），完整、准确地记录和保存电网事故状态的当时场景，事后进行事故场景的重演，以便进行分析和研究。

3.3　配电自动化通信系统

3.3.1　配电自动化通信系统介绍

1．配电自动化通信系统架构

配电自动化通信系统是实现配电自动化系统主站和配电自动化终端之间数据传输、馈线自动化功能、信息交互的关键所在，建设高速、双向、集成的通信系统是实现配电自动化系统安全稳定运行的基础，是建设坚强智能配电网的主要内容之一。配电自动化系统典型的多种通信方式接入架构如图3-9所示。

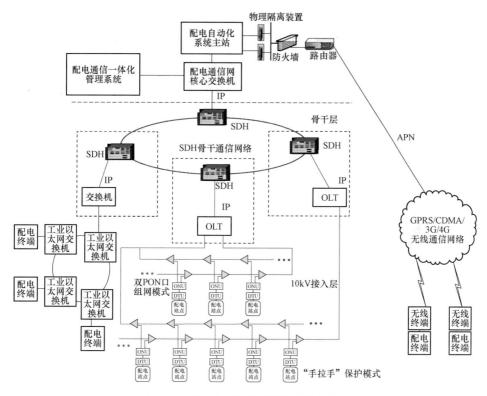

图 3-9   配电自动化典型通信系统架构

图 3-9 中，配电自动化通信系统由骨干层通信网络、接入层通信网络以及配电网通信综合网管系统等组成。

（1）骨干层通信网络。骨干层通信网络实现配电自动化系统主站和配电子站之间的通信，一般采用光纤传输网方式，配电子站汇集的信息通过 IP 方式接入 SDH/MSTP 通信骨干网络或直接承载在光纤专网上，利用工业以太网交换机、OLT 等光传输设备自组网通信。

（2）接入层通信网络。接入层通信网络实现配电自动化系统主站（子站）和配电自动化终端之间的通信，按通信介质来进行划分，配电自动化系统接入层通信可划分为无线通信和有线通信两种方式。由于配电自动化通信系统的建设受一次网架结构、施工、成本以及信息安全等元素制约，在智能配电网通信方式的选择上，应结合实际，兼顾技术性和经济性来搭配选择。配电通信网接入层覆盖数量众多、分布广泛的配电自动化终端,通信网络规划组建极为复杂,是配电通信网的重点和难点。

(3)配电网通信综合网管系统。随着配电通信网络规模不断扩大,结构愈加复杂,终端数目越来越多,智能化水平越来越高,一些网络运行、维护与管理难题也随之出现。网络运行中发现故障、确定故障和处理故障的难度越来越大,网络故障处理的时间不能保证,这些严重影响到配电自动化系统的运行质量与效率。配电网通信综合网管系统可以实现对配电网通信设备、通信通道、重要通信站点的工作状态以及配电通信终端运行环境等进行统一监控和管理,包括通信系统的拓扑管理、故障管理、性能管理、配置管理、安全管理等,并能满足配电通信终端设备的远程升级和远程维护。

2. 配电自动化通信系统的特点

由于配电网中存在众多的环网柜、开关站、柱上断路器、配电变压器、用户变压器、箱式变电站、分布式能源站点以及电动汽车充电桩等设备,站点一般会有成百上千甚至上万个之多,地域分布广、种类多、运行状态复杂、自然环境恶劣,要对这些设备进行实时监控就需要安装大量的FTU、DTU、TTU、故障指示器等终端设备,配电通信网络需要将大量终端采集的各种设备运行信息上传。因此,配电自动化系统的通信信息有如下特点:

(1)通信节点数量较大。配电自动化系统涉及大量配电网线路、开关设备、配电变压器以及用户设备,要对这些一次设备和用户进行监测需要配备大量的配电自动化终端、配电变压器终端等设备,并将其接入配电自动化系统主站,实现具有实时数据传输、馈线自动化等功能的配电自动化系统,因此涉及的通信站点数量极大。

(2)通信节点间距离短。配电设备分布有其特殊性,配电线路上负荷开关、断路器等开关设备、配电变压器之间的间隔短的仅几百米,开关站内开关距离仅几米。

(3)单点终端通信的数据量小。配电自动化系统终端设备绝大多数是对单一配电设备(如环网柜、柱上断路器、配电变压器)进行监测和控制,每一台配电自动化终端设备所需要监测和控制的点数量相对较小,单点通信传输的数据量有限。

(4)应充分考虑未来智能电网通信的需求。配电自动化系统通信网络要充分考虑未来配电新业务接入的需求,如分布式新能源发电并网设备、电动汽车充换电设备、用户需求侧响应等数据采集类设备的接入,充分利用广域传输网带宽大、可靠性高，局域接入网组网灵活、接入方式多样、接入数量大的特点，满足智能配电网对通信网络的需求。

3. 配电自动化通信系统技术要求

通信系统是建设配电自动化系统的关键技术，通信系统在很大程度上决定了配电自动化系统的运行可靠性和实用性，配电自动化要借助可靠的通信手段，将控制中心的控制命令下发到具备遥控功能的配电自动化终端，同时将各远方监控单元（DTU/FTU/TTU 等）所采集的遥测、遥信等各种信息上传至控制中心。

配电网通信系统与输电网的大不相同，其终端接点数量大、种类多、分布广，但通道距离相对短，传输数据量相对较小。配电自动化系统对通信网络的要求取决于智能配电网系统的规模、复杂程度和预期达到的智能化水平；而且配电自动化系统建设单位的经济条件、配电网智能化水平，对配电通信网络的要求也不一样。总的来说，配电自动化通信系统应满足以下需求：

（1）通信的可靠性。配电自动化通信系统应能抵抗恶劣的气候条件，如雨、雪、冰以及太阳紫外线照射等。通信系统应能抵抗强电磁干扰，如间隙噪声、放电、电晕、或其他均线电源的干扰，以及闪电、事故或开头操作涌流产生的强电磁干扰。停电区和电网故障时的通信能力是严重影响通信可靠性的一个重要因素，必须加以考虑。

（2）效能费用比。在追求通信技术先进性同时，应考虑通信系统的费用，选择费用和功能及技术先进性的最佳组合，追求最佳效能费用比。通信系统一味追求先进性，追求多功能，其高投资很可能会抵消其在配电自动化带来的效益。在计算通信系统费用时，除了初期投资外，还应考虑将来运行和维护费用。

（3）通信网络的实时性。配电自动化系统是一个实时监控系统，必须满足实时性。正常情况下，配电网调度控制中心能在 3～5s 内能更新全部 DTU、FTU 等设备的数据，因此必须选择合适的通信带宽以及通信网结构方式。配电网发生故障时，控制中心和配电自动化终端设备之间有比平时更多的数据需要交换，因此，在通信系统设计时，除了要考虑正常情况下实时数据的刷新速率要求外，还必须考虑电网故障时配电自动化终端快速及时地传送大量故障数据的需要。

（4）停电和故障时的通信能力。调度操作或馈线自动化的故障隔离、恢复供电功能，要求能通过通信系统对停电区的开关设备进行遥控操作。另外，停电区的配电自动化终端或其他现场监控通信设备，需要有备用电源（如蓄电池、超级电容或其他电源）。

（5）使用和维护的方便性。配电自动化通信系统包括通信终端设备、传输系统和交换设备，是一个很复杂的组合，因此应尽量选择具有通用性和标准化的设备，以便使用和维护。

（6）可扩充性。通信系统除了能满足目前的需要，还应考虑未来智能配电网发展的需要，例如，要适应智能分布馈线自动化处理模式，通信系统必须支持高速、双向的终端之间点对点的通信。因此，通信网络规划时应考虑足够的容量以及系统的开放性要求。

3.3.2 骨干层通信网络

骨干层通信网络作为配电自动化系统的主动脉，需支撑多业务接入、统一通信管理平台以及提供与多业务网络的功能和协议协调的接口。同时，还应具备较高的生存性和路由迂回能力，为保证光纤线路的通信可靠性，网络可采用双自愈环结构，两条光纤环路互为热备用，典型的电力骨干层通信网络架构如图 3-10 所示。

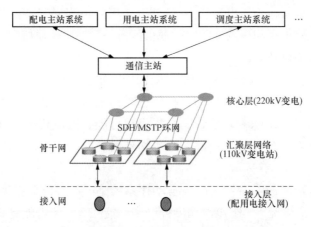

图 3-10　电力骨干层通信网

配电自动化系统业务通过接入网汇集到位于变电站的通信子站，通过汇聚层设备接入现有的电力调度数据通信网，再上传至配电自动化系统主站。对于配电自动化系统而言，主要关心的是汇聚层网络设备（如 SDH 设备）的下连接口和通道容量的问题。

对于配电自动化终端采用 EPON 通信方式接入而言，大部分厂家的 OLT

设备上连接口为 GE/FE 接口，但是早期的 SDH 设备存在下连接口不足的问题，需要新增以太网板。如在前期设计中没有考虑 SDH 设备接口问题，可能会影响后期配电设备现场接入工作。

3.3.3　接入层通信网络

接入层通信网络是骨干通信网络的延伸，提供配电终端同电力骨干通信网络的连接，实现配电终端与配电自动化系统主站间的信息交互和数据传输，具有业务承载和信息传送功能。随着现代通信技术的快速发展，配电自动化系统可选择的通信技术种类繁多。按通信介质来进行划分，接入层通信网络按照传输介质可划分为无线通信和有线通信两大类。其中，有线通信技术主要包括光纤通信技术、中压电力线载波通信等；无线通信技术可分为无线公网、无线专网和无线传感器网络等，无线公网通信方式是指租用无线运营商的通信资源，包括 GPRS/CDMA/3G，以及目前新型的 4G 通信网络；无线专网通信方式是指供电企业自建无线通信网络，包括 WiMax、McWill、数控电台、LTE 等通信方式。

由于接入层通信网络的建设受一次网架结构、施工、成本以及信息安全等元素制约，在智能配电网通信方式的选择上，应该因地制宜，结合不同自动化功能需求，综合选用多种通信方式，按经济技术指标来搭配最优组合。

1. 有线通信技术

接入层通信网络中主要的有线通信技术包括光纤通信方式和电力线载波通信方式。光纤通信是指利用光信号传输信息的通信方式，抗电磁干扰能力强和绝缘性质好的特点使得光纤通信成为电力系统通信方式的主流选择。电力线载波通信是电力系统特有通信方式，主要指利用电力线作为传输媒质进行数据传输的一种通信方式。

（1）光纤通信技术。光纤通信具有传输速率高、通信容量大、可靠性和安全性高等优点，整体看来，光纤通信网络优点明显，是目前配电自动化通信系统建设的首选。一般而言，配电自动化通信的建设原则应以光纤为主，其他通信方式为辅的建设模式。目前，应用于配电自动化系统的光纤通信技术主要包括：以太网无源光网络（EPON）和光纤工业以太网两种通信方式。

1）EPON 通信方式。EPON 网络拓扑与配电网辐射状结构相符，运行维护方便，可靠性高，使得其在配电自动化领域的应用得到广泛认可，EPON 通信技术已经在大规模推广应用中。大量已建和在建的配电自动化项目，都将 EPON 都作为接入网通信技术的优先选择。

a. EPON 网络结构——EPON 系统主要由三部分组成：光线路终端（Optical Line Terminal，OLT）、光网络单元（Optical Network Unit，ONU）和光分配网络（Optical Distribution Network，ODN），如图 3-11 所示。

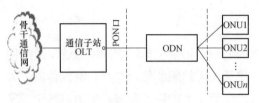

图 3-11　EPON 系统网络结构

在图 3-11 中，OLT 位于 EPON 系统架构的局端，一般位于变电站侧，可以是位于 OSI 参考模型的第二层交换机或者第三层路由器，为光接入网提供区域骨干网与本地接入网之间的接口，并经由 ODN 与用户侧的 ONU 通信。在 EPON 通信体系中，OLT 与 ONU 为主从通信关系，OLT 为 EPON 网络提供多业务接入平台。

ODN 为 OLT 与 ONU 之间提供光传输通道，包括 OLT 与 ONU 中间连接的所有部分，包括：光纤光缆、无源分光器、光连接器、光纤配线架、光缆交接箱、分支接头盒等，其主要功能是完成光信号功率的分配。对于配电自动化的规划和设计而言，重要的光分配网络实施方案的确定，光分配网络设计时，需要着重考虑光链路保护、分光级数、扩容和资源预留等几个方面。

b. EPON 工作原理——EPON 融合了共享媒介和点到点网络的优点：①载波碰撞检测多址协议：载波侦听多路访问/冲突检测（Carrier Sense Multiple Access/Collision Detection，CSMA/CD）；②采用全双工的点到点链路通过交换机连接在一起，即对等（P2P，Peer to Peer）网络。

EPON 下行采用广播模式，OLT 将数据包以广播的方式发送出去，ONU 有选择性的接收，与传统以太网传输特性完全匹配，易于支持网络共享类型业务，如：视频业务和终端数据交互。

EPON 上行采用 P2P 模式，由于无源光合路器/分路器的定向性，各个 ONU 的数据帧只能到达 OLT，而不能到达其他的 ONU。EPON 这种点对点的通信方式，采用时分多址（TDMA，Time Division Multiple Access）技术，实现了通道间的隔离，有利于配电自动化业务的隔离和信息安全。

c. EPON 通信系统组网方式——EPON 组网模式可结合配电网一次网架结构布局，通信网络的结构应与电力配电网线路结构相符合，符合配电网线路的网络结构有单辐射、双电源双 T 网、手拉手环网等组网模式，典型的 EPON 系统的网络结构也是如此。

配电自动化业务要求高可靠性，宜采用双 PON 口、双 MAC 的 ONU 设备向相应的 OLT 进行注册，EPON 网络宜采用光路全保护方式建设，手拉手全链路保护模式如图 3-12 所示。

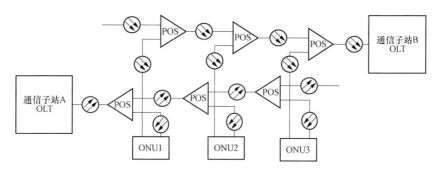

图 3-12　EPON 手拉手全链路保护拓扑图

目前，EPON 典型的组网模式可选用基于均匀分光的星形结构和基于非均匀分光的链形结构。图 3-12 就是典型的非均匀分光的链形结构，由于多级非均匀分光所带来的插损较大，OLT 与 ONU 之间的多个光纤熔接点和活接头也会带来插损，再加上分光器的数量的增加，相应的增加了现场终端侧的施工难度。

因此考虑智能配用电对通信网络的扩容、灵活调整和大面积快速覆盖的要求，采用均匀分光更具优势。如图 3-13 所示，采用变电站和环网柜两级均匀分光配合的模式，具体原则是：①对于配电 10kV 主干线路环网柜（柱上断路器），采用分光器位于变电侧的一级均匀分光，考虑后期智能配用电业务对通信带宽的需求，可因地制宜选择 1:2 或者 1:4 均匀分光；②对于大分支线路或分支分界开关可在环网柜侧采用二级均匀分光，分光比可根据需要选择 1:4 或者 1:8。

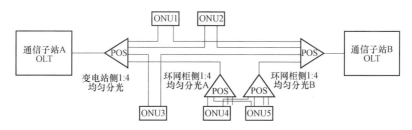

图 3-13　EPON 均匀分光手拉手网络结构

2）光纤工业以太网：

a. 光纤工业以太网技术特点——光纤工业以太网是以光纤为通信介质的工业以太网。工业以太网遵循IEEE802.3标准，可以在光缆和双绞线上传输，并针对于工业环境对工业控制网络可靠性能的超高要求，加强了冗余功能。它在技术上与以太网兼容，在产品设计、材质选用等方面充分考虑了实时性、互操作性、可靠性、抗干扰等工程应用的需要。工业以太网由于采用的网络标准开放性好、应用广泛以及价格低廉、使用的是透明而统一的TCP/IP协议，以太网已经成为工业控制领域的主要通信标准，可以满足配电自动化通信系统快速、可靠、双向通信的需要。光纤工业以太网主要技术特点如下：①光纤工业以太网是在以太网和TCP/IP技术的基础上开发出来的一种工业用通信网络，主要应用于工业控制领域；②它是通过采用减轻以太网负荷、提高网络速度、交换式以太网和全双工通信、流量控制及虚拟局域网等技术来提高网络的实时响应速度，从而达到技术上与商用以太网（基于IEEE802.3）兼容；③在产品设计时，在材质的选用、产品的强度、适用性以及实时性、互可操作性、可靠性、抗干扰性和本质安全等方面能满足工业现场的需要。

b. 光纤工业以太网组网形式——光纤工业以太网通过在配电网中各个监测点放置工业级以太网交换机，进行光纤连接，构建基于以太网自愈保护功能的光纤以太网环网结构，如图3-14所示。光纤工业以太网交换机具备高带宽、高可靠性、标准化设计等优点，此外工业以太网支持终端间双向对等通信，对支持IEC61850标准通信规约的终端实现智能分布式馈线自动化具有天然的优势。

3）通信光缆敷设。随着线缆技术的日益发展和成熟，光缆价格逐步下降，而施工及赔偿费用则逐年提高，特别是城市管道资源在很多情况下为稀缺资源，分期投资、多次重复布放光缆一般是不利的。因此，光缆的敷设应充分考虑经济性和可操作性，并充分考虑未来智能配用电业务对通信网络的需求：

a. 光缆路径以变电站为中心，根据配电自动化终端的地理分布，考虑到施工、维护和抢修的便利，在管道资源允许的情况下宜沿靠公路，两端接入不同变电站，互为冗余。

b. 结合一次网架调整，统一考虑光缆的敷设。在进行配电网线路新建、改建和扩建时，同步考虑通信光缆建设或预留通信专用管孔。

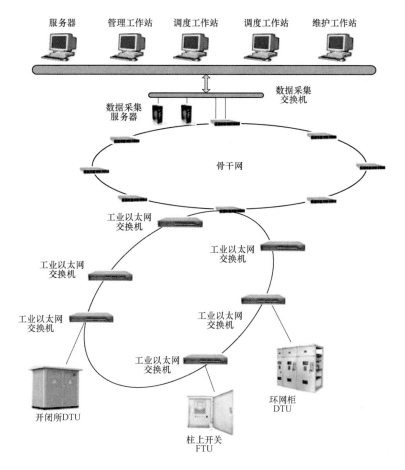

图 3-14　光纤工业以太网交换机组网方式

c. 光缆的芯数应考虑当前业务需求和未来增长，根据分光点的布置和未来智能电网业务需求，可采用主干光缆 36 芯及以上、支线光缆 24 芯的方式。

（2）电力线载波通信技术。电力线载波通信（PLC）是一种电力系统特有的通信方式，利用现有的电力电缆作为传输媒质，通过载波方式传输语音和数据信号。在中低压配电网中，PLC 可以为配电自动化、电能信息采集等提供数据传输通道。目前，基于 OFDM（正交频分复用）的宽带 PLC 技术对传统 PLC 技术进行了改进，传输速率可达 1Mbit/s 以上，提高了可靠性和传输速率。PLC 通信系统主要由 PLC 局端设备、PLC 终端设备、PLC 中继及耦合器组成，典型中压电力线载波通信组网方案如图 3-15 所示。

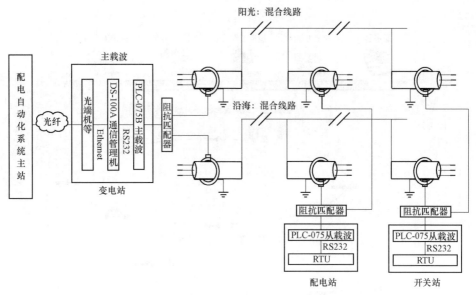

图 3-15　典型中压电力线载波通信组网方案

电力线载波通信技术的优点是利用电力线缆作为传播媒介,建设成本较低。同时,电力线载波通信技术也有缺点:①由于电力线信道的恶劣性,各种用电设备的频繁开闭会造成高噪声,传输距离较短;②易受电网负载和结构的影响,抗干扰能力差。

2.　无线通信技术

(1)无线公网通信技术。无线公网通信是指配用电终端设备通过无线通信模块接入到移动运营商提供的虚拟专用网络,配电自动化终端通过无线通信模块和移动SIM 卡连接到运营商提供的专用的接入点名称(APN),再经由移动运营商到电力公司的专用光纤网络接入配电自动化系统主站的通信方式。配电自动化终端无线通信模块在通过身份认证后获得无线数据专用网络的私有 IP 地址,与配电自动化系统主站构成了一个广域的虚拟专用 TCP/IP 网络,从而提供了配电自动化终端与配电自动化系统主站的双向通信链路,可实现实时的远程参数设置、数据采集与分析、远程控制等操作,典型配电自动化系统无线公网接入架构如图 3-16 所示。目前,无线公网通信主要包括 GSM/GPRS/EDGE、CDMA、3G、4G 通信技术等。

采用无线公网通信方式进行配电自动化终端的接入,可以降低通信改造的初期投入,快速实现配电网站点的全面覆盖,能够极大的弥补光纤通信方式接入建设周期长、施工难度大、建设成本高的问题,可广泛应用于城市郊区、农村以及配电线路末端终端的接入。

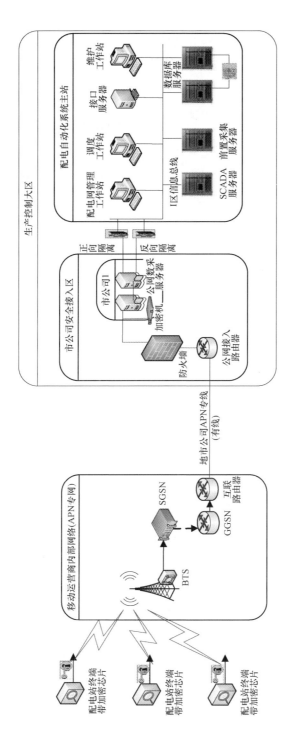

图 3-16 配电自动化系统无线公网接入典型方案

（2）无线专网通信技术。无线专网技术能够提供高带宽、高速率通信业务，可广泛应用于配电自动化系统中，典型拓扑如图 3-17 所示。国内电力系统主流的无线专网技术包括 McWiLL 和 LTE 两大方式。

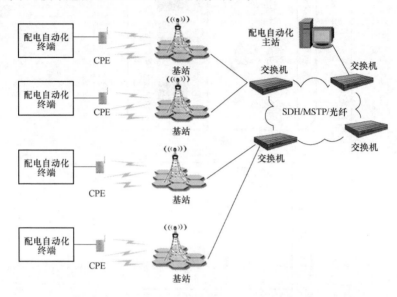

图 3-17　无线专网技术应用典型拓扑

1）McWiLL（Multi-Carrier Wireless Information Local Loop，多载波无线信息本地环路）。McWill 作为 SCDMA 无线接入技术的宽带演进版，是我国研发的移动宽带无线接入系统，拥有自主知识产权，具有国家无线电管理委员会划分的工作频段：1785～1805MHz。

McWiLL 具有的带宽大、覆盖广、安全性能好等特点，特别适合配电网建设的需求，但 McWiLL 在配电网中应用正处起步阶段，存在建设成本高、运维难度大、后期网络优化难等问题，需要在实际运行中验证使用效果。

2）TD-LTE230 无线专网。TD-LTE 是新一代 4G LTE 技术，TD-LTE230 即利用电力专用 230MHz 频段进行 TD-LTE 无线专网的建设。是针对电力行业应用的无线通信需求，基于 OFDM、自适应编码调制、自适应重传等 4G LTE 核心技术。LTE230 系统采用全 IP 网络构建，组网灵活。具有以下技术特点：

a. 广域覆盖，LTE230 无线宽带通信系统使用 230MHz 频段，与高频段相比，信号传播距离远，绕射能力强。

b. 海量实时用户，LTE230 无线宽带通信系统在设计上保证全部终端实时在线，共享资源，终端在有数据传输时动态分配资源，单基站最多支持 6000 个终端。

c．电力通信业务适配性强，LTE230 无线宽带通信系统为电力通信业务应用定制开发，高时性、广域覆盖、海量用户、上下行非对称资源分配、接口的电气特性、接口的物理适配性、载波聚合带来的频谱适应性、频谱感知带来的系统共存都是结合电力实际的频率资源现状、业务应用特点。

（3）短距离无线通信。短距离无线通信方式一般作为光纤专网（以 EPON 网络为例）向下的进一步延伸覆盖，可提高配电接入网的覆盖深度，可构建高速、可靠、灵活的终端通信接入网，解决光纤通信建设投入高、难以实现全覆盖的困境，有着很大的应用空间，系统基本结构如图 3-18 所示。每个监测装置配置相应的无线通信模块，负责本装置与无线接入点的通信，将无线接入点连接到最近的一个 ONU 设备，负责通过无线方式将附近的监测装置接入到该 ONU。ONU 将无线接入点的信息接入，进行协议转换，再通过光纤专网接入配电自动化系统主站。目前主流的无线接入网技术主要有：WiFi、ZigBee、LoRa 等。

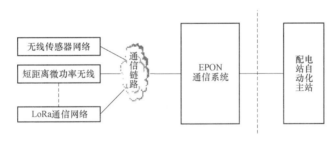

图 3-18　EPON 系统的多通信技术互联

1）ZigBee 技术。ZigBee 是 IEEE 802.15.4 协议的代名词，是无线个人域网络的标准之一，是一种应用于短距离范围内、低传输数据速率下的各种电子设备之间的无线通信技术。其采用自组织网通信方式，具有自愈功能等。ZigBee 的技术优势是：①低功耗。ZigBee 节点在不需要通信时节点可以进入很低功耗的休眠状态，此时能耗可能只有正常工作状态下的 0.1%，可达到很高的节能效果。②低成本。通过大幅简化协议，降低了对通信控制器的要求，而且 ZigBee 免协议专利费，这为配电网上数量众多的末端采用该技术提供了经济上的可行性。③短时延。ZigBee 的响应速度较快，一般从睡眠转入工作状态只需 15ms，节点连接进入网络只需 30ms。相比较而言，蓝牙技术需要 3～10s，WiFi 需 3s。ZigBee 协议的网络拓扑结构有星型结构、网状型结构和簇状结构三种类型，如图 3-19 所示。

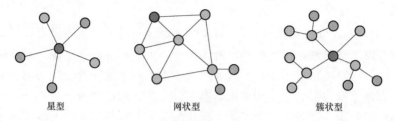

图 3-19　ZigBee 协议的网络拓扑结构

目前，基于 ZigBee 技术的无线传感器网络的研究和开发已得到越来越多的关注，但其芯片成本居高不下、传输距离受限、2.4GHz 频段干扰源较多、节点容量小等问题依然存在。

2）LoRa 无线通信技术。现有的无线通信技术难以满足物联网时代机器之间低功耗且长距离联结的需求，新一代无线通信技术 LoRa 被推出，主打低功耗、长距离传输和低成本，打造机器专用的网路，迎接物联网时代。目前采用 LoRa 技术的传输距离，已可涵盖从 1～10km 的范围，甚至最远可达 20km，远超过现有如蓝牙、ZigBee 等传输技术。此外，利用 LoRa 低功耗特性，靠着装置内建电池即可维系长达 10 年的使用时间。

与网状网络相比，LoRaWAN 协议的星形拓扑结构消除了同步开销和跳数，因而降低了功耗并可允许多个并发应用程序在网络上运行。同时，LoRa 技术实现的通信距离比其他无线协议都要长得多，这使得 LoRa 系统无需中继器即可工作，从而降低了整体拥有成本。

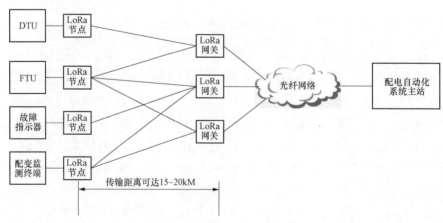

图 3-20　LoRa 组网方式

3.4 配电自动化终端

3.4.1 配电自动化终端设备原理

1. 配电自动化终端的分类

配电自动化终端一般包括站所终端 DTU（Distribution Terminal Unit）、馈线终端 FTU（Feeder Terminal Unit）、配电变压器终端 TTU（Transformer Terminal Unit）以及故障指示器（Fault Indicator）等，各类终端按照功能又可区分为"三遥"（遥信、遥测、遥控）及"二遥"（遥信、遥测）类型终端；按照通信方式区分为有线通信方式与无线通信方式等。

（1）馈线终端。馈线终端是安装在配电网架空线路杆塔等处的配电自动化终端，按照功能分为"三遥"终端和"二遥"终端，其中"二遥"终端又可分为基本型终端、标准型终端和动作型终端。馈线终端见图 3-21。

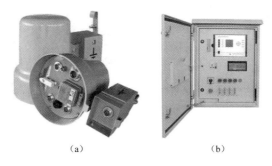

（a）　　　　　　　　　　（b）

图 3-21　馈线终端

（a）罩式馈线终端；（b）箱式馈线终端

（2）站所终端。站所终端是安装在配电网开关站、配电室、环网单元、箱式变电站等处的配电自动化终端，依照功能分为"三遥"终端和"二遥"终端，其中"二遥"终端又可分为标准型终端和动作型终端。站所终端见图 3-22。

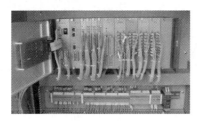

图 3-22　站所终端

（3）配电变压器终端。配电变压器终端是安装在配电变压器上，用于监测配电变压器各种运行参数的配电自动化终端。配电变压器终端见图3-23。

图 3-23　配电变压器终端

（4）故障指示器。故障指示器是用来检测短路及接地故障的设备。按照故障指示器的结构形式可分为架空型、电缆型故障指示器。架空型故障指示器安装于架空线路的故障指示器，分三相指示，每相安装一只指示单元，包括就地式和远传型两种类型。电缆型故障指示器安装在电缆分支箱、环网柜、开关柜等配电设备上的配电线路故障指示器，包括就地式和远传型两种类型。故障指示器见图3-24。

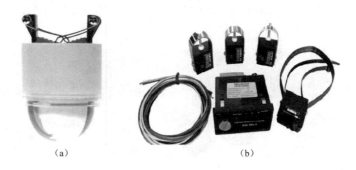

（a）　　　　　　　　　　　　（b）

图 3-24　故障指示器

（a）架空型故障指示器；（b）电缆型故障指示器

2. 配电自动化终端结构

配电自动化终端是实现配电自动化的基础，长期配电自动化建设经验表明，不同配电自动化程度对配电自动化终端的功能需求不尽相同，综合考虑经济因素及技术因素。下面以各类终端中的典型类型分别进行介绍其结构及功能。

（1）站所终端（DTU）。以常见的"三遥"户外立式DTU为例。DTU的核心为测控单元，主要完成信号的采集与计算、故障检测与故障信号记录、控制量输出、通信、当地控制与远方控制等功能。除此之外，DTU还包含开关操作回路、操作面板、后备电源、通信终端以及机箱等。完整的户外立式"三遥"DTU柜体如图3-25所示。

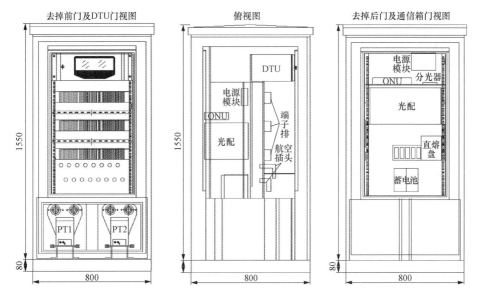

图 3-25 户外立式"三遥"DTU 结构组成图

1）测控单元。为满足不同的应用需求，测控单元能够灵活配置输入输出（I/O）接口。采用高性能数字信号处理器（DSP）、实时多任务操作系统等嵌入式技术，采用平台化、模块化设计方案，可以根据具体的应用需求配置 I/O 并通过专用工具软件设置所完成的功能。

图 3-26 为插箱式结构的测控单元，由电源插板、CPU 插板、模拟量插板、开关量插板、控制量插板、通信插板以及 4U 或 6U 插箱组成；其模拟量插板、开关量插板、控制量插板数量可以根据实际需要进行配置，以满足不同实际需求。

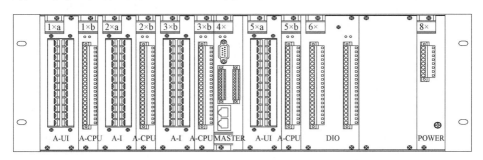

图 3-26 插箱式测控单元

2）操作控制回路。操作控制回路包括开关操作方式转换和开关就地操作两部分，如图 3-27 所示。开关操作方式转换部分由转换开关和相应的指示灯组成，用以选择就地、远方以及闭锁三种开关操作方式。当选择就地操作方式时，可通过面板上的分/合闸按钮进行开关分/合闸操作；当选择远方操作方式时，可通过配电自动化系统主站远方遥控方式进行开关分/合闸操作；当选择闭锁操作方式时，当地、远方均不能操作。

开关就地操作部分包括分/合闸连接片、分/合闸按钮及其状态指示灯，对应每一线路开关单独设置。分/合闸按钮仅在开关就地操作方式下操作，在远方操作方式和闭锁状态下均处于无效状态；状态指示灯用以指示开关分/合闸状态。分/合闸连接片为操作开关提供明显断开点，在检修、调试时打开以防止信号进入分/合闸回路，避免误操作。

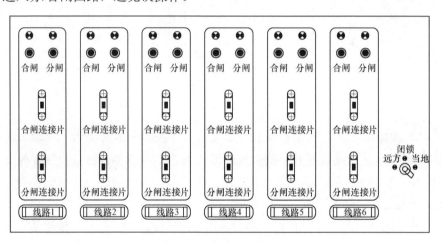

图 3-27　操作控制回路面板

3）人机接口。人机接口包括液晶面板、操作键盘以及装置运行指示灯。液晶面板与操作键盘用于对配电自动化终端进行当地配置与维护，包括 TV/TA 接线方式、遥测/遥信/遥控配置参数、故障检测定值、装置编号（站址）、通信波特率等，显示电压、电流、功率等测量数据；装置运行指示灯用于指示测控单元、后备电源、通信的运行状态以及开关位置状态、线路运行状态，便于操作、维护。

由于液晶面板受环境温度的影响较大，为简化装置构成、提高可靠性，不配备液晶显示面板和键盘。通常的做法是，使用便携式 PC 机，通过维护通信口对其进行配置与维护，或通过主站远程配置与维护。

4）通信终端。根据所接入的通道类型的不同，通信终端包括光纤通信终端（光以太网交换机、ONU 等）、无线通信终端、载波通信终端等。

5）电源。配电自动化终端的交流工作电源通常取自线路 TV 的二次侧输出，特殊情况下，使用附近的低压交流电，比如市电。后备电源采用蓄电池或超级电容供电，容量满足配电自动化终端使用需求。

（2）馈线终端（FTU）。箱式 FTU 结构与 DTU 结构类似，下面以罩式 FTU（无线通信）为例介绍馈线终端结构。其整体结构如图 3-28 所示，终端后备电源采用超级电容内置形式，并配置无线通信模块，无线通信要求兼容市面上主流通信方式（4/3/2G、GPRS/CDMA 等）。罩式馈线终端（无线通信）接口界面如图 3-29 所示，包含电源/后备电源接口、电流接口、通信接口、控制接口以及告警指示等。

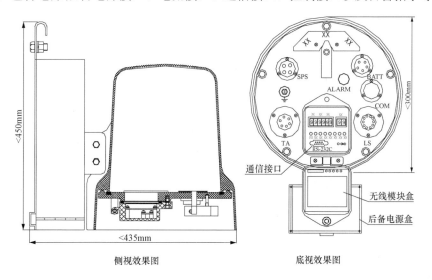

图 3-28　罩式"三遥"馈线终端（无线通信）结构图

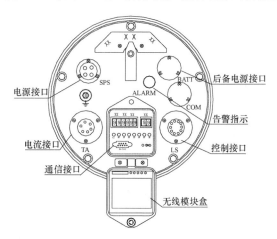

图 3-29　罩式馈线终端（无线通信）接口界面图

（3）配电变压器终端。配电变压器终端硬件功能采用模块化设计，对上主站通信及对下测量、采集，支持热插拔和模块互换。终端具备多种通信方式模块，采用超级电容、锂电池、镍氢电池、蓄电池等储能元件作为终端后备电源，并集成于终端内部。在特殊情况下，终端还需具备无功补偿模块，以满足配电台区无功补偿的要求。图 3-30 为 RS-485 串口外接无功补偿控制器的配电变压器终端端子结构。

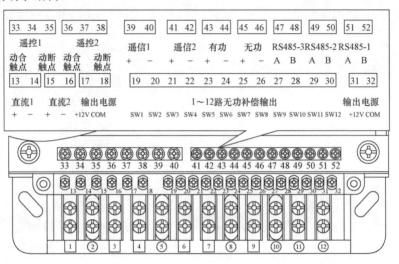

图 3-30　配电变压器终端端子结构

3. 配电自动化终端的功能

前文介绍到，配电自动化终端可分为"三遥""二遥"终端，其功能大多相同，下面以其中三遥 DTU、三遥 FTU 为例进行功能介绍，不同类型配电自动化终端功能可以参考国家和电力行业相关标准规范。

（1）"三遥"站所终端功能如表 3-4 所示。

表 3-4　　　　　　　　　　　　　　"三遥" DTU 功能介绍

必备功能	具备就地采集至少 4 路开关的模拟量和状态量以及控制开关分/合闸功能，具备测量数据、状态数据的远传和远方控制功能，可实现监控开关数量的灵活扩展
	具备就地/远方切换开关和控制出口硬压板，支持控制出口软压板功能
	具备对遥测死区范围设置功能
	具备故障检测及故障判别功能
	具备故障指示手动复归、自动复归和主站远程复归功能，能根据设定时间或线路恢复正常供电后自动复归，也能根据故障性质（瞬时性或永久性）自动选择复归方式

必备功能 选配功能	具备双位置遥信处理功能，支持遥信变位优先传送
	具备负荷越限告警上送功能
	具备线路有压鉴别功能
	具备串行口和以太网通信接口
	具备同时为通信设备、开关分/合闸提供配套电源的能力
	具备双路电源输入和自动切换功能，宜采用 TV 取电
	具备后备电源自动充放电管理功能；蓄电池作为后备电源时，应具备定时、手动、远方活化功能，低电压报警和保护功能，报警信号上传主站功能
	具备接收状态监测、备自投等其他装置数据功能
	可与其他终端配合完成就地式智能分布式馈线自动化功能
	可具备检测开关两侧相位及电压差功能
	可具备单相接地检测及告警功能
	可具备配电线路闭环运行和分布式电源接入情况下的故障方向检测功能

（2）"三遥"馈线终端功能如表 3-5 所示。

表 3-5   "三遥"FTU 功能介绍

必备功能	具备就地采集模拟量和状态量，控制开关分/合闸，数据远传及远方控制功能
	具备就地/远方切换开关和控制出口硬压板，支持控制出口软压板功能
	具备对遥测死区范围设置功能
	具备故障检测及故障判别功能
	具备故障指示手动复归、自动复归和主站远程复归功能，能根据设定时间或线路恢复正常供电后自动复归，也能根据故障性质（瞬时性或永久性）自动选择复归方式
	具备双位置遥信处理功能，支持遥信变位优先传送
	具备负荷越限告警上送功能
	具备线路有压鉴别功能
	具备串行口和以太网通信接口
	具备同时为通信设备、开关分/合闸提供配套电源的能力
	具备双路电源输入和自动切换功能，宜采用 TV 取电
	配备后备电源，当主电源供电不足或消失时，能自动无缝投入
	具备后备电源自动充放电管理功能；蓄电池作为后备电源时，应具备定时、手动、远方活化功能，低电压报警和保护功能，报警信号上传主站功能

	可具备同时监测控制同杆架设的两条配电线路及相应开关设备的功能
	可判别过流、过负荷故障，实现故障隔离功能
	可具备单相接地故障检测功能，可与开关配套实现单相接地故障隔离功能
选配功能	可具备配电线路闭环运行和分布式电源接入情况下的故障方向检测功能
	可具备检测开关两侧相位及电压差功能
	可支持重合闸方式的逻辑配合完成就地式馈线自动化功能
	可与其他终端配合完成就地式智能分布式馈线自动化功能

3.4.2 数据采集及处理原理

如图 3-31 所示，配电自动化终端的硬件一般主要包括以下五大部分：

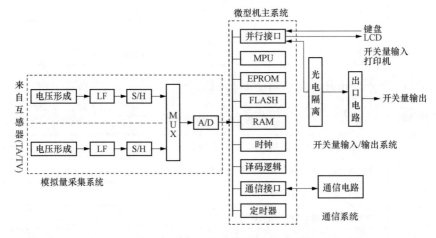

图 3-31 配电自动化终端的硬件组成

（1）数据采集系统（或称模拟量输入系统）。数据采集系统包括电压形成、模拟滤波、采样保持（S/H）、多路转换（MPX）以及模数转换（A/D）等功能块，完成将模拟输入量准确地转换为微机型主系统能够识别的数字量等功能。

（2）微型机主系统。微型机主系统包括微处理器（MPU）、只读存储器（ROM）或闪存内存单元（FLASH）、随机存取存储器（RAM）、定时器、并行接口以及串行接口等。微型机执行编制好的程序，对由数据采集系统输入至 RAM 区的原始数据进行分析、处理，完成配电自动化终端的数据采集、继电保护和控制等功能。

（3）开关量（或数字量）输入/输出系统。开关量输入/输出系统由微型机的并行接口（PIA 或 PIO）、光电隔离器件及中间继电器等组成，以完成各种遥信信号的输入，远方遥控、就地保护的出口跳闸，以及人机对话及通信等功能。

（4）通信接口。RJ45、RS485、RS232 等通信接口实现多机通信以及与配电自动化系统主站之间通信。

（5）电源系统。为微处理器、数字电路、A/D 转换芯片及继电器提供所需的电源。

随着集成电路技术的不断发展，已有许多单一芯片将微处理器（MPU）、只读存储器（ROM）、随机存取存储器（RAM）、定时器、模数转换器（A/D）、并行接口、内存单元（FLASH）、数字信号处理单元（DSP，Digital Signal Processor）、通信接口等多种功能集成于一个芯片内，构成了功能齐全的单片微型机系统，为配电自动化终端的硬件设计提供了更多的选择。其中，部分单片机实现了"总线不出芯片"的设计，即对外连线没有任何数据总线、地址总线和控制总线，这种芯片的应用将有利于提高终端设备的可靠性和抗干扰性能。

在集成电路技术飞速发展、单一芯片功能越来越强的情况下，本书不对微型计算机、单片机、微控制器等几个概念进行界定，而统一称为微型机，或沿用 CPU 的简称。CPU 主要完成实时多任务调度、现场各种交流电量（电压、电流）及其他模拟量（直流、频率）的处理（如 FFT 算法分析，有效值计算，功率计算等）和人机接口控制等任务。配电自动化系统属于实时控制系统，并逐步向大容量、强数据处理功能力等方向发展，主流的配电自动化终端 CPU 均采用 ARM 和 DSP 相结合的模式。AMR、DSP 实物图见图 3-32。

 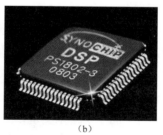

（a） （b）

图 3-32 ARM、DSP 实物图

（a）ARM 实物图；（b）DSP 实物图

ARM 芯片作为 CPU 的上位机，具备承上启下作用，主要负责运行操作系统、配置存储器、管理外部 I/O 设备及与其他设备进行通信，具有丰富的片内资源和外设，配合很少的外部资源就可以实现所需功能，从而使整个系统消耗降到最低，加之其拥有诸多接口，对于工作环境恶劣的配电自动化终端来说，大大提高了其抗干扰能力。

DSP（Digital Signal Processing）作为数据处理的下位机，具备快速强大的运算和处理能力以及并行运行的能力。针对配电网运行和故障状态情况，电压、电流、频率、谐波分量、序分量等特征量频率变化快而且复杂，如暂态突变量，高频的故障行波等，需要选择具备强大计算功能的 DSP 以满足配电自动化终端的实时性和处理算法的复杂性等更高的要求。

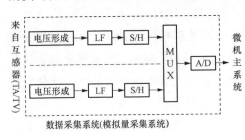

数据采集系统(模拟量采集系统)

图 3-33　数据采集系统

1. 遥测数据采集原理

遥测数据采集即模拟量采集系统（见图 3-33），主要包括电压形成、模拟滤波（LP）、采样保持（S/H）、多路转换开关（MPX）以及模数转换（A/D）等功能模块，将模拟输入量转换为微型机能够识别的数字量。

（1）电压形成回路。配电自动化终端模拟量的设置应以满足测量、保护功能为基本准则，输入的模拟量与计算方法结合后，应能够反映出配电一次设备的运行特征。以配电 DTU 单间隔开关为例，为了满足有功功率和无功功率的采集要求，一般需要采集两相线电压 U_{ab}、U_{ca} 和两相电流 I_a、I_c。同时采集零序电流 $3I_0$，配置过流速断保护、零序过流保护（或告警）等保护功能，所以模拟量一般至少应设置 I_a、I_c、$3I_0$、U_{ab}、U_{ca} 共 5 个模拟量。

配电自动化终端需要从配电网线路的电流互感器、电压互感器或其他变换器上取得信息，但这些互感器的二次数值、输入范围对配电自动化终端内部的电子电路却不适用，故需要降低和变换。在配电自动化终端中，通常根据模数转换器输入范围的要求，将输入信号变换为 ±5V 或 ±10V 范围内的电压信号。因此，一般采用中间变换器来实现以上的变换。交流电压信号可以采用电压变换器；而将交流电流信号变换为成比例的电压信号，可以采用电抗变换器或电流变换器，两者各有优缺点。

在配电自动化终端数据采集系统中，一般采用电流变换器将电流信号变换为电压信号。采用电流变换器时，连接方式如图 3-34 所示。其中，Z 为

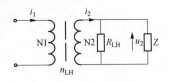

图 3-34　配电自动化终端采用电流变换器电路图

模拟低通滤波器及 A/D 输入端等回路构成的综合阻抗，在工频条件下，该综合阻抗的数值可达 80kΩ 以上；R_{LH} 为电流变换器二次侧的并联电阻，数值为几欧姆到十几欧姆，远远小于 Z。

因为 R_{LH} 与 Z 的数值差别很大，所以由图 3-34 可得

$$u_2 = R_{LH} \cdot i_2 = R_{LH} \frac{i_1}{n_{LH}} \tag{3-1}$$

于是，在设计时，相关参数应满足下列条件

$$R_{LH} \frac{i_{1max}}{n_{LH}} \leqslant U_{max} \tag{3-2}$$

式（3-1）和式（3-2）中，R_{LH} 为并联电阻；n_{LH} 为电流变换器的变比；i_{1max} 为电流变换器一次电流的最大瞬时值；U_{max} 为 A/D 转换器在双极性输入情况下的最大正输入范围，例如，AD7656 芯片的模拟信号最大输入量为 10V，则应保证在模拟信号输入为最大值时，输入 A/D 转换芯片的信号最大值不超过 10V，则 U_{max}=10V。

通常，在中间变换器的一次和二次之间，应设计一个屏蔽层，并将屏蔽层可靠接地，以便提高交流回路抗共模干扰的能力。在一些需要采集直流信号的场合，通常采用霍尔元件实现变换和隔离。电压变换器原理和电流变换器原理基本一致，将电压互感器二次电压进一步变换为适合 A/D 转换芯片量程的信号。

（2）采样保持电路和模拟低通滤波器。

1）采样保持电路的作用及原理。采样保持电路又称 S/H（Sample/Hold）电路，其作用是在一个极短的时间内测量模拟输入量在该时刻的瞬时值，并在模拟—数字转换器进行转换的期间内保持其输出不变。利用采样保持电路后，可以方便地对多个模拟量实现同时采样。S/H 电路的工作原理可用图 3-35（a）来说明，它由一个电子模拟开关 AS、保持电容器 C 以及 A1、A2 两个阻抗变换器（运算放大器）、A3 比较器组成。模拟开关 AS 受逻辑输入（采样脉冲信号）的电平控制。

在采样脉冲信号为高电平时 AS 闭合，此时电路处于采样状态，输入信号经 A1 后跟踪输出到 A2，再由 A2 的输出端跟随输出，C_h 迅速充电或放电到 U_{sc} 在采样时刻的电压值。AS 的闭合时间应满足使 C_h 有足够的充电或放电时间即采样时间。这里，应用运算放大器 A1、A2 的目的是它在输入端呈现高阻抗，对输入回路的影响很小；而输出阻抗很低，使充放电回路的时间常数很小，保

证 C_h 上的电压能迅速跟踪到在采样时刻的瞬时值 U_{sc}。

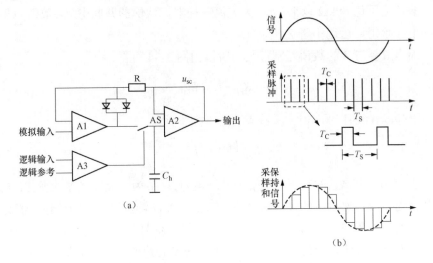

图 3-35　采样保持电路工作原理图及其采样保持过程示意图

（a）采样保持电路工作原理图；（b）采样保持过程示意图

在采样脉冲信号为低电平时，AS 打开，电容器 C_h 上保持住 AS 闭合时刻的电压，电路处于保持状态。为了提高保持能力，电路中应用了运算放大器，它在 C_h 侧呈现高阻抗，使 C_h 对应充放电回路的时间常数很大，而输出阻抗（U_{sc} 侧）很低，以增强带负载能力。通常设计中采用较多的采样/保持电路芯片为 LF398。LF398 是一种反馈型的采样/保持电路，也是目前较为流行的通用型采样/保持放大器，具有采样速率高、保持电压下降慢、精度高等特点。

采样保持的过程如图 3-35（b）所示。图 3-35（b）中，T_c 称为采样脉冲宽度，T_s 称为采样间隔（或称采样周期）。由微型机控制内部的定时器产生一个等间隔的采样脉冲，如图 3-35（b）中的"采样脉冲"，用于对"信号"（模拟量）进行定时采样，从而得到反映输入信号在采样时刻的信息，即图 3-35（b）中的"采样信号"。随后，在一定时间内保持采样信号处于不变的状态，如图 3-35（b）中的"采样和保持信号"。这样，在保持阶段，无论何时进行模数转换，其转换的结果都反映了采样时刻的信息。

2）采样频率的选择和模拟低通滤波器的应用。由于电网频率的波动较小，所以通常按照时间等间隔来设计采样间隔 T_s，这种方法的 T_s 控制方式很简单。

另外，为了进一步提高计算精度，可以按照电气角度等间隔的方法设计采样间隔（如采用锁相环技术等），此时需要跟踪电网的基波周期来调整采样间隔，通常采用跟踪电压信号周期的方法。

采样间隔 T_s 的倒数称为采样频率 f_s。采样频率的选择是微机硬件设计中的一个关键问题，为此要综合考虑很多因素，并要从中作出权衡。采样频率越高，要求微型机的运行速度越高。香农采样定理是选择采样频率的理论依据，即如果被采样信号中所含最高频率成分的频率为 f_{max}，则采样频率 f_s 必须大于 f_{max} 的 2 倍。工程中一般取 $f_s=(2.5\sim3)*f_{max}$。

在配电线路发生故障瞬态，电压、电流中可能含有相当高的频率分量（如 2kHz 以上），为防止混叠，f_s 将不得不用得很高，从而对配电自动化终端硬件速度提出过高的要求。目前，配电自动化终端模拟采集量要求为工频量，在这种情况下，可以在采样前用一个低通模拟滤波器（Low Pass Filter，LPF）将高频分量滤掉，这样就可以降低 f_s，从而降低对硬件的要求。

最简单的模拟低通滤波器如图 3-36 所示，其中的一阶段 RC 滤波器的参数设计为：$R=4.3k\Omega$，$C=0.1uF$，截止频率为 $f_c=1/(2\pi*R*C)=370Hz$。通过低通滤波器，可以消除频率混叠问题，降低遥测量采集对配电自动化终端硬件的要求。采用低通滤波器消除频率混叠问题后，采样频率的选

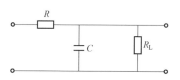

图 3-36　一阶 RC 低通滤波器图

择在很大程度上取决于保护的原理和算法的要求，同时还要考虑硬件的速度问题。例如，配电自动化终端的常用采样频率是使采样间隔 $T_s=5/3ms$，采样频率为 600Hz，一个周波采样 12 个点，这正好相当于采样周期为工频 30°，因而可以很方便地实现 30°、60°或 90°移相。考虑到硬件目前实际可达到的速度和采集算法的要求，绝大多数配电自动化终端的采样间隔 T_s 都在 0.1～2ms 的范围内。

（3）模拟多路转换开关（MPX）。对于反映两个量以上的配电自动化终端，如反映 P、Q 等，都要求对各个模拟量同时采样，以准确获得各个量之间的相位关系，因而图 3-31 中要对每个模拟输入量设置一套电压形成、低通滤波和采样保持电路。所有采样保持器的逻辑输入端并联后，由定时器同时供给采样脉冲。但由于模数转换器价格相对较贵，通常不是每个模拟量输入通道设一个 A/D，而是共用一个，中间经多路转换开关 MPX（Multiplex）切换，轮流由公用的 A/D 转换成数字量输入给微机。多路转换开关包括选择接通路数的二进制

译码电路和由它控制的各路电子开关，它们被集成在一个电路芯片中。

以 16 路多路转换开关芯片 AD7506 为例（图 3-37），其内部电路组成框图如图 3-38 所示。具备 A0～A3 四个路数选择线，可以选择 16 路输入量，以便由微型机通过并行接口或其他硬件电路给 A0～A3 赋以不同的二进制码，选通 AS1～AS16 中相应的一路电子开关 AS，从而将被选中的某一路模拟量接通至公共的输出端，供给 A/D 转换器。图中的 EN（Enable）端为芯片选择线，也称为使能端，只有在 EN 端为高电平时多路开关才接通，否则不论 A0～A3 在什么状态，AS1～AS16 均处于断开状态。设置 EN 端是为了便于控制 2 个或更多个的 AD7506，以扩充多路转换开关的路数。

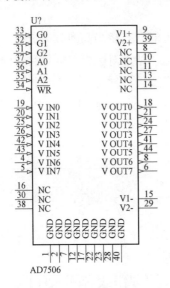

图 3-37　AD7506 芯片管脚定义图

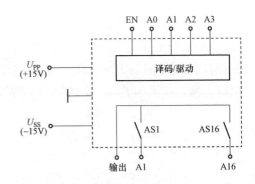

图 3-38　AD7506 的内部电路组成框图

（4）模数转换器。模数转换器（A/D 转换器，也称 ADC）是实现计算机控制的关键技术，是将模拟量转变成计算机能够识别的数字量的桥梁。由于计算机只能对数字量进行运算，而电力系统中的电流、电压信号均为模拟量，因此必须采用模数转换器将连续的模拟量转变为离散的数字量。

模数转换器可以认为是一个编码电路。它将输入的模拟量 U_{sr} 相对于模拟参考量 U_R 经编码电路转换成数字量 D 输出。一个理想的 A/D 转换器，其输出与输入的关系式为

$$D = \left[\frac{U_{sr}}{U_R} \right]$$

（3-3）

式中：D 为小于 1 的二进制数（与 A/D 的进位技术有关）；U_{sr} 为输入信号；U_R

为参考电压，也反映了模拟量的最大输入值。

对于单极性的模拟量，小数点在最高位前，即要求输入 U_{sr} 必须小于 U_R，D 可表示为：

$$D = B_1 \times 2 - 1 + B_2 \times 2 - 2 + \cdots + B_n \times 2 - n \tag{3-4}$$

式中：B_1 为其最高位，常用英文缩写 MSB（Most Significant Bit）表示；B_n 为最低位，英文缩写为 LSB （Least Significant Bit）。$B_1 \sim B_n$ 均为二进制码，其值只能是"1"或"0"。因而，式（3-4）又可写为

$$U_{sr} \approx U_R (B_1 \times 2 - 1 + B_2 \times 2 - 2 + \cdots + B_n \times 2 - n) \tag{3-5}$$

式（3-5）即为 A/D 转换器中，将模拟信号进行量化的表示式。

由于编码电路的位数总是有限的，如式（3-5）中有 n 位，而实际的模拟量公式 U_{sr}/U_R 却可能为任意值，因而对连续的模拟量用有限长位数的二进制数表示时，不可避免地要舍去比最低位（LSB）更小的数，从而引入一定的误差。显然，单从数学的角度看，这种量化误差的绝对值最大不会超过和 LSB 相当的值。因而模数转换编码的位数越多，即数值分得越细，所引入的量化误差就越小，或称分辨率就越高，量化误差为 $q = \dfrac{U_R}{2^n}$。模数转换器有线性变换、双积分、逐次逼近方式等多种工作方式。

ADC 将模拟信号转换成数字信号后，由微机处理器通过一定算法将数字信号计算出所需模拟量幅值、相位等，当电压电流信号输入是周期函数，或者可以近似的作为周期函数处理时，最具代表性的算法是傅立叶算法。

傅立叶算法从傅立叶级数导出，其条件是假定被采样信号是周期性的。但发生故障后的电流电压信号不一定是周期性的，如短路后的电流和电压都不是周期函数，因此计算结果存在一定的误差。全波傅立叶算法的优点在于：它不仅能完全滤除各种整次谐波和稳恒直流分量，而且对非整次高频分量和按指数衰减的非周期分量也有一定的滤波能力。全波傅立叶算法所需的数据窗是一个周期（20ms）。

现有主流的配电自动化终端均采用微型处理器 ARM+DSP 的模式，计算功能强大，数据处理频率高达几百兆赫兹，对于需要采集高频分量开展计算情况，一般考虑到计算的快速性和可靠性的权衡，选择周-周比较法作为故障分量的检测方法。而对于稳态的工频电流故障检测方式，因计算量较少，基本采用一个采样周期（一般为 0.1～1ms）计算一次工频电流分量，直接进行故障判断的方式。

2. 遥信采集原理

（1）光电耦合器。把发光器件和光敏器件按照适当的方式组合，就可以实现以光信号为媒介的电信号变换。采用这种组合方式制成的器件称为光电耦合器。光电耦合器一般制成管式或双列直插式结构，有利于耐压和绝缘。由于发光器件和光敏器件被相互绝缘地分别设置在输入和输出两侧回路，故可以实现两侧电路之间的电气隔离。光电耦合器既可以用来传递模拟信号，也可以作为开关器件使用。在弱电工作的电路中，光电耦合器具备隔离变压器的信号传递和隔离功能，也具备继电器的控制功能。

光电耦合器将发光器件和光敏器件组成一对耦合器件，设置于同一个芯片内，用以完成电信号的耦合和传递，并达到两侧信号在电气上隔离、绝缘的目的。光电耦合器的结构原理如图 3-39 所示，其中左侧为发光二极管侧，右侧为光敏器件侧。

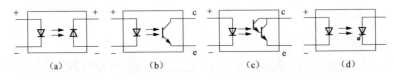

图 3-39　光电耦合器的几种类型

（a）二极管型；（b）三极管型；（c）达林顿型；（d）晶闸管驱动型

光电耦合器的输入特性就是光器件（常用发光二极管）的特性，输出特性取决于输出侧的器件，输入输出间的耐压不小于 1kV。当输出侧为光敏三极管时，由于它的结电容大，按负载电阻 1kΩ 考虑，工作频率应小于 100kHz。当输出侧为达林顿型三极管时，工作频率应小于 1kHz。

光电耦合器两侧的接地和电源可以自由选择，给设计和使用提供了方便，尤其是在设计有多种逻辑电平的复杂系统时，光电耦合器能较好地解决不同逻辑电平之间的信号传递和控制。

在配电自动化终端中，在开入和开出二次回路中，使用较多的是三极管型的光电耦合器，实现两侧信号的传递和电气的绝缘。将光电耦合器应用于逻辑电平控制时，主要采用了以下两种工作方式：①当发光二极管侧通过的电流较小时，产生的光电流较小，光敏器件侧处于截止状态；②当发光二极管侧通过的电流较大时，产生的光电流较大，光敏器件侧处于导通状态。

这样通过控制发光二极管侧的电流，就可以实现控制光敏器件侧的截止或导通。

以常用的光电耦合器 TLP521 为例进行简要介绍。图 3-40 为 TLP521 的封装图。该光电耦合器为 TLP521-4 型号，即在 16 个塑料引脚的封装中，提供 4 个光电耦合通道。其器件提供额定电压为+5V；输入额定电流为 16mA；输出额定集电极电流为 1mA；工作温度范围−25～85℃。

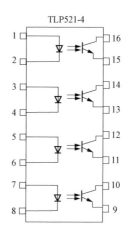

图 3-40　光电耦合器 TLP521 封装图

（2）开关量输入回路。开关量输入 DI（Digital Input）简称开入，主要用于识别运行方式、运行条件等，以便控制程序的流程。对配电自动化终端装置的开关量输入，为装置外部经过端子排引入装置的接点，例如各种压板、开关位置、弹簧储能、转换开关以及继电器的触点等。

对于从装置外部引入的接点，直接接入将给微机引入干扰，故应经光电隔离，如图 3-41 所示。S2 断开时，光敏三极管截止；S2 闭合时，光敏三极管饱和导通。因此，三极管的导通和截止完全反映了外部接点的状态，将可能带有电磁干扰的外部接线回路限制在微机电路以外。利用光电耦合器的性能与特点，既传递开关 S2 的状态信息，又实现了两侧电气的隔离，大大削弱了干扰的影响，保证微机电路的安全工作。图 3-41 中，电阻 R 的取值主要考虑 S2 闭合时，光电耦合器处于深度饱和状态。采用两个电阻的目的是防止一个电阻击穿后引起更多器件的损坏。

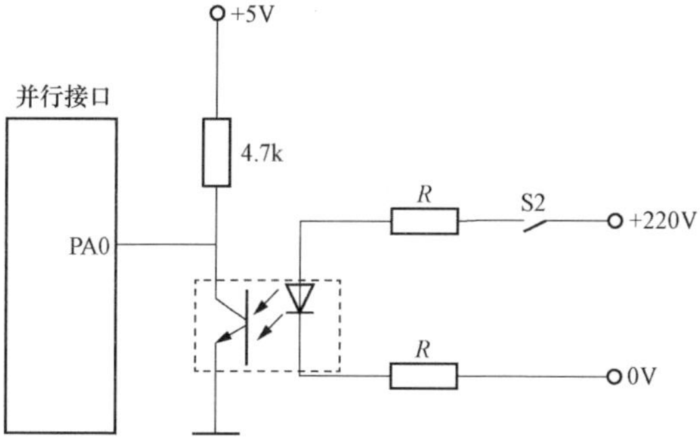

图 3-41　装置外部接点与微机接口连接图

对于某些必须立即得到处理的外部接点的动作，则需要将光电耦合器的输出极直接接到处理器的中断请求端子。现场应用 TLP521 型光电耦合器，采集开关位置信号的典型原理图如图 3-42。

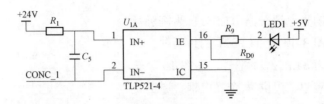

图 3-42　接触器辅助触点开关量输入电路

外部断路器开关的辅助触点 CONC_1 通过接到光耦的输入端，开关处于闭合位置时，CONC_1 输出低电平，光耦输入 IN 导通，输出 IE 和 IC 之间导通，R_{D0} 输出低电平，直接与处理器的输入 I/O 引脚相连。其中，发光二极管 LED1 起指示作用，其压降很小，R_{D0} 的电平完全能被处理器识别并区分出高低电平。

3. 遥控执行原理

开关量输出 DO （Digital Output）简称开出，主要包括遥控出口、保护跳闸出口等。一般都采用并行接口的输出口来控制有触点继电器（中间继电器）的方法。为了进一步提高抗干扰能力，最好经过一级光电隔离，如图 3-43 所示。只要由软件使并行口的 PB0 输出"0"，PB1 输出"1"，便可使与非门 H1 输出低电平，光电耦合器导通，继电器 K 被吸合。

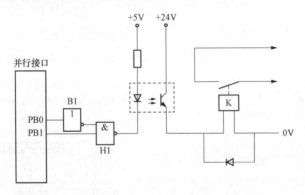

图 3-43　装置开关输出回路接线图

在初始化和需要继电器 K 返回时，应使 PB0 输出"1"、PB1 输出"0"，设置反相器 B1 及与非门 H1 而不是将发光二极管直接同并行口相连，一方面是因为并行口带负荷能力有限，不足以使光电耦合器处于深度饱和状态；另一方面因为采用与非门后要满足两个条件才能使 K 动作，增加了抗干扰能力，也增加了芯片损坏情况下的防误动能力。

为了确保遥控操作的可靠性，要求遥控出口具备软硬件防误动措施，保证控制操作的可靠性，控制输出回路宜提供明显断开点。继电器触点断开容量：交流 250V/5A、直流 80V/2A 或直流 110V/0.5A 的纯电阻负载；触点电气寿命不少于 10^5 次。典型的配电遥控回路原理如图 3-44 所示。其中 Q2、Q3 为光电耦合器，YK1_H 为处理器遥控输出管脚，当 YK1_H 输出低电平时，R1、Q2 输入端二极管、YK1_H 形成回路导通，则 Q2 输出管脚 3、4 导通，YK12V 与 Q2 的 3、4 管脚、继电器 DSP1 的线圈导通，则合闸线圈得电后，导通 HZ0 与 COM0 端，接通遥控合闸回路的中间继电器，进而接通合闸回路，实现开关的远方遥控合闸。遥控分闸回路同理。

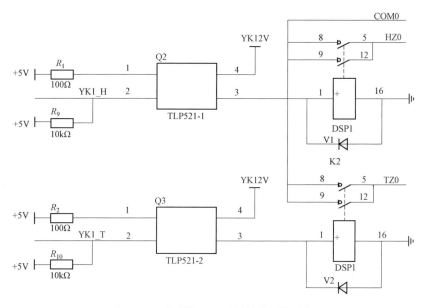

图 3-44 典型的 DTU 遥控回路原理图

3.5 配电自动化终端二次回路及配套设备

3.5.1 电流互感器、电压互感器

电压互感器（TV）和电流互感器（TA）是电力系统一次回路与二次回路之间的联络设备，它们分别将一次回路的高电压、大电流变换为二次回路所需的低电压、小电流，供给测量仪表、配电自动化终端、继电保护装置等，以便检测电力系统电压和电流的变化情况。同时实现一次回路与二次回路的电气隔离，以保证二次设备和人身安全。

互感器的作用如下：①将一次设备和二次设备隔离，且互感器均实现接地，保证设备和人身安全，维修时不必中断一次设备的运行。②变换作用将一次回路的高电压和大电流变换为二次回路所需要的标准低电压（即额定电压 100V）和小电流（即额定电流 5A 和 1A），使自动化和保护装置标准化、小型化。

互感器的接入方式如下：①电压互感器一次绕组以并联形式接入一次回路；配电自动化终端装置的电压线圈以并联形式接在电压互感器的二次绕组回路。②电流互感器一次绕组以串联形式接入一次回路；配电自动化终端装置的电流线圈以串联形式接在电流互感器的二次绕组回路。

配电自动化终端对电压互感器和电流互感器的主要接线方式及要求如下：

（1）电压互感器二次回路的具体要求：

1）电压互感器的接线方式应满足测量仪表、配电自动化终端装置等检测回路的具体要求。

2）应有防止从二次回路向一次回路反送电措施。

3）有且仅有一个可靠的安全接地点。

4）应装设短路保护，如装设熔断器、空气开关等。

（2）电压互感器的接线方式及适用范围：由于测量仪表、配电自动化终端、继电保护装置等二次设备对要求接入的电压大小不同，电压互感器应采用不同的接线方式，以满足二次负载对电压的具体要求。下面介绍电压互感器的几种常用接线方式。

1）一台单相电压互感器接线方式。图 3-45 所示为一台单相电压互感器的接线方式。如图 3-45 所示，一次侧接在 A，B 相间，所以二次侧反映的是 A，B 线电压。这种接线方式可根据需要接任一线电压。此种接线，电压互感器一次侧不能接地，二次绕组应有一端接地。一次绕组为线电压，二次绕

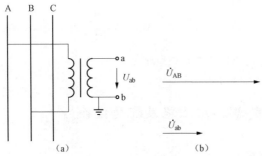

图 3-45　单相电压互感器的接线方式

（a）接线原理图；（b）相量图

组额定电压为 100V 或者 220V。

2）两台单相电压互感器构成的 VV 形接线方式。两台单相电压互感器接成 VV 接线方式，如图 3-46 所示。这两台单相电压互感器分别接在线电压 U_{AB} 和

U_{BC} 上。此种接线,互感器一次绕组不能接地,二次绕组 V 相接地。二次绕组额定电压 100V,两台单相电压互感器构成 VV 接线方式适用于中性点不接地或经消弧线圈接地的系统中。它的优点是既可以节省一台单相电压互感器,又可减少系统中的对地励磁电流,避免产生过电压。相对于三相相电压星形接线的形式,可以避免因单相接地导致过电压的发生。

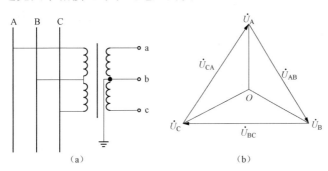

图 3-46 两个单相电压互感器的 VV 接线方式

(a)接线原理图;(b)相量图

3)电压互感器二次侧接地。由于电压互感器具有电气隔离作用,在正常情况下,一次绕组和二次绕组间是绝缘的。但当一次绕组与二次绕组间的绝缘损坏后,一次侧高电压窜入二次侧,将会危及人身安全和设备安全,所以电压互感器的二次侧必须设置接地点,这种接地通常称为安全接地。

4)电压互感器的保护设备。电压互感器二次回路的短路保护设备有熔断器和空气开关两种。当电压互感器二次回路故障不会引起配电自动化终端动作的情况下,应首先采用简单方便的熔断器作为短路保护;当有可能造成配电自动化终端不正确动作的场合,应采用空气开关作为短路保护,以便在切除短路故障的同时,也闭锁有关的继电保护和自动装置。20kV 及以下电压等级的电网是中性点非直接接地的系统,20kV 及以下的电压互感器宜采用快速熔断器作为短路保护。

(3)电流互感器二次回路应满足以下要求:

1)电流互感器的接线方式应满足测量仪表、配电自动化终端、继电保护和自动装置检测回路的具体要求,保证极性连接正确。

2)应有一个可靠的接地点,但不允许有多个接地点。

3)应采取防止二次回路开路的措施。

4)为保证电流互感器能在要求的准确级下运行,其二次负载不应大于允许值。

电流互感器同电压互感器一样，为防止电流互感器一、二次绕组之间绝缘损坏而被击穿时高电压侵入二次回路危及人身和二次设备安全，在电流互感器二次侧必须有一个可靠的接地点。电流互感器在正常运行时，由于二次侧负载的阻抗很小，所以二次绕组的对地电压很低，接近短路状态，一、二次绕组建立的磁动势处于平衡状态，铁芯中的总磁通量也比较小。若二次回路出现开路故障，二次电流等于零，一次电流就变成了励磁电流，从而导致磁路中的磁通量突然增大，将在二次绕组中感应出很高的电动势，使二次绕组两端出现数百伏至数千伏的高电压，危及人身和设备的安全。因此，运行中的电流互感器不允许二次回路开路。防止二次侧开路的措施通常有以下几种：①电流互感器二次回路不允许装设熔断器；②电流互感器二次回路切换时，应有可靠的防止开路措施；③配电自动化终端与其他终端设备之间一般不合用电流互感器；④对于已安装而暂时不使用的电流互感器，必须将其二次绕组的端子短接并接地；⑤电流互感器二次回路的端子应使用试验端子。

（4）电流互感器的常用接线方式。配电自动化系统的电流互感器有多种接线方式，以适应二次回路及终端设备对不同电流的具体要求，如图 3-47 所示。

图 3-47（a）所示是两个电流互感器分别接在 A 相和 C 相的不完全星形接线。这种接线方式和 VV 接线配合，可以测量三相电流、有功功率、无功功率等，能反映相间故障电流，但不能完全反映接地故障。

图 3-47（b）所示是三个电流互感器的完全星形接线。三个电流互感器别接在 A、B、C 相上，二次绕组按星形连接。这种接线可以测量三相电流、有功功率、无功功率等。

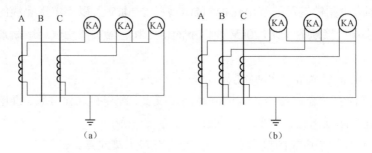

图 3-47　电流互感器的常用接线方式

（a）两个 TA 的不完全星形接线；（b）三个 TA 的完全星形接线

（5）电流互感器二次回路的接地保护。为防止电流互感器一、二次绕组间的绝缘损坏，高电压侵入二次回路，危及人身安全和二次设备安全，在电流互感器二次侧必须有一个可靠的接地点。一般在配电自动化装置处经端子接地，如果有几组电流互感器与保护装置相连时，一般在保护屏上经端子接地。

3.5.2 配电自动化终端二次回路

1. 配电终端二次回路的原理

配电终端二次回路的含义：配电自动化终端设备通过电流互感器和电压互感器的二次绕组的出线以及直流回路，按一定的要求连接在一起构成的电路，称为二次接线或二次回路。描述二次回路的图纸称为二次接线图或二次回路图。

从事配电自动化施工及运行维护的工作人员，不仅要熟悉二次回路的原理，充分理解设计图纸的意图，同时也必须掌握查找二次回路故障的方法要领。

2. 配电终端二次回路的内容

配电终端二次回路的内容包括对配电一次设备的控制、保护、测量回路以及操作电源系统等。

（1）控制回路及其分类。控制回路是由控制开关和控制对象（断路器、负荷开关）的传递机构及执行（或操动）机构组成的。其作用是对一次开关设备进行"跳""合"闸操作。

（2）保护回路。配电自动化终端保护回路是由测量、比较、逻辑判断部分和执行部分组成。其作用是自动判断一次设备的运行状态，在系统发生故障或异常运行时，自动跳开断路器，实现故障区域的隔离并发出故障信号。

（3）测量回路。测量回路是由电压、电流等一次模拟量的测量回路组成。其作用是指示或记录一次设备的运行参数，以便运行人员掌握一次设备运行情况。它是分析电能质量、计算经济指标、了解系统潮流和主设备运行工况的主要依据。

（4）操作电源系统。操作电源系统是由电源设备和供电网络组成的，它包括直流和交流电源系统，其作用是供给上述各回路工作电源。配电自动化系统的操作电源多采用直流电源系统，电压等级为 DC24V、DC48V、DC110V 或AC220V。

3. 配电终端二次回路的种类和识图

配电终端二次回路图不同作用可分为三大类，即原理接线图、展开接线图、安装接线图。应根据二次回路各部分不同的特点和作用，绘制不同的图。

（1）原理接线图。二次接线的原理接线图是用来表示二次接线各元件（二次设备）的电气连接及其工作原理的电气回路图，是二次回路设计的原始依据。配电自动化终端原理接线图如图 3-48 所示。

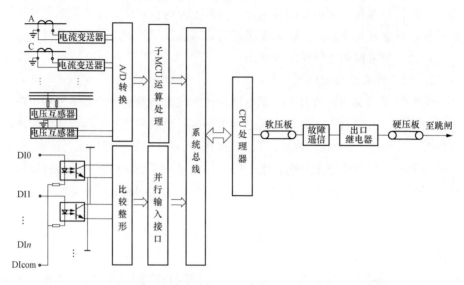

图 3-48   配电自动化终端原理接线图

1）原理接线图的特点：①原理接线图是将所有的二次设备以整体的图形表示，并和一次设备画在一起，使整套装置的构成有一个整体的概念，可以清楚地了解各设备间的电气联系和动作原理。②所有的连接片、继电器和其他电器，都以整体的形式出现。③其相互连接的电流回路、电压回路和直流回路，都综合画在一起。

配电自动化终端装置主要由硬件和软件两部分构成，模拟和数字电子电路组成的硬件为软件提供运行的平台，并且提供和外部一次设备的电气联系，软件是实现有序地完成数据采集、外部信息交换、数字运算、逻辑判断、控制指令等各项操作来对硬件进行控制，实现对一次设备信息的采集、处理、保护和控制。图3-48 绘出了终端装置的遥测、遥信信息采集回路以及遥控回路的原理接线图。

2）原理接线图的缺点：①二次接线不清楚，缺乏元器件的内部接线。②缺乏二次回路元器件之间的端子编号和回路编号。③ 没有绘出三遥信息的具体接线，不便于阅读，更不便于指导施工。

（2）展开接线图。二次接线的展开接线图是根据原理接线图绘制的，展开接线图和原理接线图是一种接线的两种形式，如图 3-49 所示。展开接线图可以用来说明二次接线的动作原理，使读者便于了解整个装置的动作程序和工作原理。它一般是以二次回路的每一个独立电源来划分单元而进行编制的。根据这个原则，必须将属于同一个仪表或继电器的电流线圈、电压线圈以及触点，分别画在不同的回路中，为了避免混淆，属于同一个仪表或继电器、触点，都采用相同的文字符号。

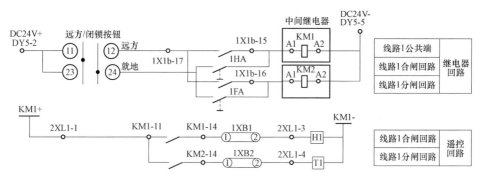

图 3-49　控制回路二次接线展开接线图

控制回路：当把手打在远方，终端遥控合时，1x1b-17 和 1xb-15 触点闭合，中间继电器 KM1 得电，KM1-11 和 KM1-14 闭合，电操合闸线圈得电，开关合闸；分闸回路同理。当把手打在就地，手动操作合闸时，按下合闸按钮 1HA，中间继电器 KM1 得电，KM1-11 和 KM1-14 闭合，电操合闸线圈得电，开关合闸；分闸回路同理。

遥信回路：图 3-50 虚线框内为一次开关联动辅助触点，引+24V 到辅助触点一端，另一端连接屏柜指示灯（分闸指示灯 FA 和合闸指示灯 HA）和装置遥信端子，当辅助触点合上时，屏柜的指示灯和装置内部光耦均得到 24V 的压差，屏柜指示灯亮，装置显示遥信合位。

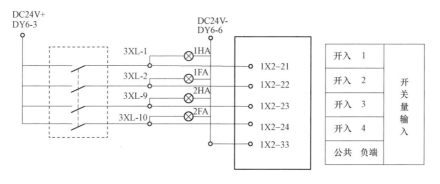

图 3-50　遥信回路二次接线展开接线图

遥测回路（见图 3-51）：电压采集从 TV 二次侧经空开进装置，U_{A1} 接在 U_1 的极性端，U_{B1} 接在 U_1 的非极性端，则 U_1 采集到的为 U_{AB} 线电压。电流采集从 TA 二次侧经电流实验型端子进装置，电流实验型端子是为了方便现场实验加量。

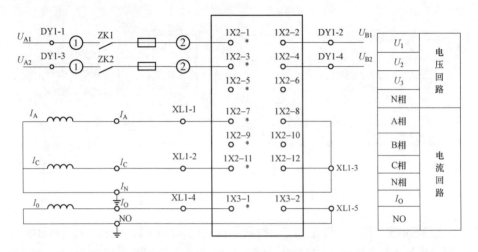

图 3-51　遥测回路二次接线展开接线图

1）展开图的特点：①继电器和每一个小的逻辑回路的作用都在展开图的右侧注明。②继电器和各种电气元件的文字符号和相应原理接线图中的文字符号一致。③继电器的触点和电气元件之间的连接线段都有数字编号(称回路标号)。④继电器的文字符号与其本身触点的文字符号相同。⑤各种小母线和辅助小母线都有标号。⑥对于展开图中个别的继电器，或该继电器的触点在另一张图中表示，或在其他安装单位中有表示，都在图纸上说明去向，对任何引进触点或回路也说明来处。⑦交流回路的标号除用三位数外，前面加注文字符号，交流电流回路使用的数字范围是 400～599，电压回路为 600～799；其中个位数字表示不同的回路；十位数字表示互感器的组数（即电流互感器或电压互感器的组数）。回路使用的标号组，要与互感器文字符号前的"数字序号"相对应。如：U（A）相电流互感器 1TA 的回路标号是 U411～U419；U（A）相电压互感器 2TV 的回路标号为 U621～U629。

展开图上与终端附柜有联系的回路编号，均应在端子排图上占据一个位置。需要将端子排图和展开图结合，分析二次回路连接关系。

2）展开图的绘制规律：①二次接线图的每个独立电源来绘图。一般分为交流电流回路、交流电压回路、直流回路、控制回路和信号回路等几个主要组成部分。②同一个电气元件的线圈和辅助触点分别画在所属的回路内，但要采用相同的文字符号标出。若元件不止一个，还需加上数字序号，以示区别。属于同一回路的线圈和辅助触点，按照电流通过的顺序依次从左向右连接，即形成图中的"行"。各行又按照元件动作先后，由上向下垂直排列，各行从左向右阅读，整个展开图从上向下阅读。③在展开接线图的右侧，每一回路对应文字说明，便于阅读。

3）展开图的阅读要求：①首先要了解每个电气元件的简单结构及动作原理。②图中各电气元件都按国家统一规定的图形符号和文字符号标注，应能熟悉其意义。③图上所示电气元件辅助触点位置都是正常状态，即电气元件不通电时触点所处的状态。因此，动合触点是指电气元件不通电时，触点是断开的；动断触点是指电气元件不通电时，触点是闭合的；另外还要注意，有的触头具有延时动作的性能，如时间继电器，它们的触头动作时，要经过一定的时间（一般几秒）才闭合或断开。这种触头的符号与一般瞬时动作的触头符号有区别，读图时要注意区分。

4）展开图的优点：①展开图的接线清晰，易于阅读。②便于掌握整套配电自动化终端装置的控制、保护过程和工作原理，特别是在复杂装置的二次回路中，用展开图绘制，其优点更为突出。

（3）安装接线图。二次接线的安装接线图是制造厂加工和现场安装施工用的图纸，也是运行试验、检修等的主要参考图纸，它是根据展开接线图绘制的。安装接线图包括屏面（或柜体）布置图、屏（或柜体）背面接线图和端子排图几个组成部分。

1）安装接线图的特点：安装接线图的特点是各电气元件及连接导线都是按照它们的实际图形、实际位置和连接关系绘制的。为了便于施工和检查，所有元件的端子和导线都加上走向标志。

2）安装接线图的阅读方法和步骤：阅读安装接线图时，应对照展开图，根据展开图阅读顺序，全图从上到下，每行从左到右进行。导线的连接一般均采用"对面原则"来表示。阅读步骤如下：①按照展开图了解由哪些设备组成。②看交流回路。每相电流互感器通过电缆连接到端子排试验端子上，其回路编号分别为 A411、B411、C411，并分别接到电流继电器上，构成继电保护交流回路。③看直流回路。控制电源从二次柜顶直流母线 L+、L-经熔断器后，分别引到端子排上，通过端子排与相应仪表连接，构成不同的直流回路。④看信号回路。从屏顶小母线+700、−700引到端子排上，通过端子排与信号继电器连接，构成不同的信号回路。

3）屏面布置图：开关柜的屏面布置图是加工制造屏、盘和安装屏、盘上设备的依据。上面每个元件的排列、布置，都是根据运行操作的合理性，并考虑维护运行和施工的方便而确定的，因此要按照一定的比例进行绘制，如图3-52所示。屏内的二次设备应按国家规定，按一定顺序布置和排列。

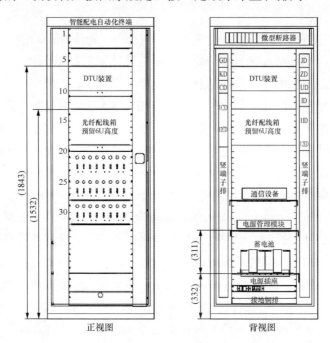

图 3-52 组屏式 DTU 屏面布置图

4）屏（或柜体）背面接线图：屏（或柜体）背面接线图是以屏面（或柜体）布置图为基础，并以展开图为依据而绘制成的接线图。它是屏内元件相互连接的配线图纸，标明屏上各元件在屏背面的引出端子间的连接情况，以及屏上元件与端子排的连接情况，如图3-53所示。为了配线方便，在这种接线图中，对各设备和端子排一般采用"对面原则"进行编号。

电源原理图中，有两路交流输入 AC1 和 AC2 通过 1KM 切换供电，当 AC1 有电时，动合触点闭合始终以 AC1 供电，当 AC1 失电时，供电回路切换到 AC2；操作电源、装置电源、通信电源从电源模块的输出取电；蓄电池接在电源模块的充放电回路，当交流有电时，电源模块给蓄电池充电，交流失电时，电源模

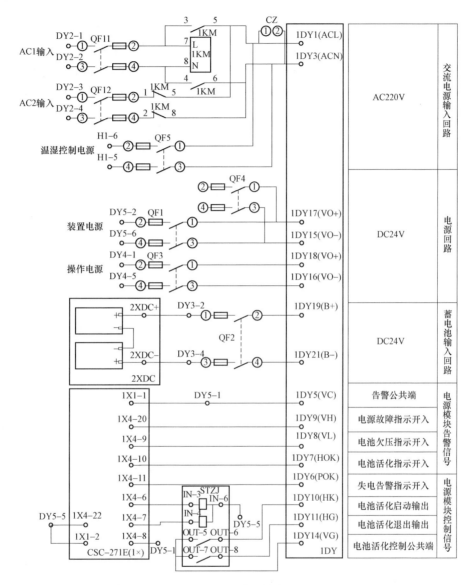

图 3-53　屏背面接线图

块通过蓄电池取电给操作电源、装置电源等供电。另外装置可以对电源模块的
状态量进行采集和对蓄电池的充放电进行遥控操作。

5）端子排图：

a. 端子排的作用——端子是二次接线中不可缺少的配件。虽然屏内电气元
件的连线多数是直接相连，但屏内元件与屏外元件之间的连接，以及同一屏内

元件接线需要经常断开时，一般是通过端子或电缆来实现的。许多接线端子的组合称为端子排。利用端子排可以迅速可靠地将电气元件连接起来，可以减少导线的交叉和便于分出支路以及可以在不断开二次回路的情况下对某些元件进行试验。端子排图就是表示屏上需要装设的端子数目、类型、排列次序以及它与屏内元件和屏外设备连接情况的图纸，如图 3-54 所示。

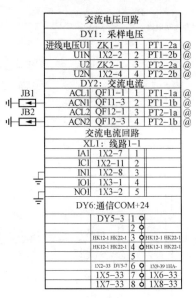

3XL　遥信回路			
HK12-2	1	1X2-21,1HA+	线路1合位
HK12-3	2	1X2-22,1FA+	线路1分位
HK12-4	3	1X2-25	线路1刀闸合位
HK12-5	4	1X2-26	线路1刀闸分位
HK12-6	5	1X2-27	线路1接地刀分位
HK12-7	6	1X2-28	线路1开关储能
HK12-8	7	1X2-25	线路1开关远方
HK12-9	8	1X7-26	线路1保护动作
2XL　遥控回路			
HK11-1	1	1X2-37	公共端
	2		
HK11-3	3	1LP1-2	线路1合位
HK11-4	4	1LP2-2	线路1分位
DY4: 操作、储能电源			
QF3-2	1		DC24+
HK12-11 HK22-11	2	HK32-11 HK42-11	
HK52-11 HK62-11	3	HK72-11 HK82-11	
	4		
QF3-4	5		DC24-
HK12-12 HK22-12	6	HK32-12 HK42-12	
HK52-12 HK62-12	7	HK72-12 HK82-12	

交流电压回路				
DY1: 采样电压				
进线电压U1	ZK1-1	1	PT1-2a	@
U1N	1X2-2	2	PT1-2b	@
U2	ZK2-1	3	PT2-2a	@
U2N	1X2-4	4	PT2-2b	@
DY2: 交流电流				
ACL1	QF11-1	1	PT1-1a	@
ACN1	QF11-3	2	PT1-1b	@
ACL2	QF12-1	3	PT2-1a	@
ACN2	QF12-3	4	PT2-1b	@
交流电流回路				
XL1: 线路1-1				
IA1	1X2-7	1		
IC1	1X2-11	2		
IN1	1X2-8	3		
IO1	1X3-1	4		
NO1	1X3-2	5		
DY6:通信COM+24				
	DY5-3	1		
		2		
HK12-1 HK22-1		3	HK12-1 HK22-1	
HK12-1 HK22-1		4	HK12-1 HK22-1	
		5		
1X2-33 DY5-7		6	1X9-39 1HA-	
1X5-33		7	1X6-33	
1X7-33		8	1X8-33	

图 3-54　端子排图

b. 端子排布置原则——每一个安装单位应有独立的端子排。垂直布置时，由上而下；水平布置时，由左至右。按下列回路分组顺序地排列：①交流电流回路，按每组电流互感器分组。同一类型电流回路一般排在一起。②交流电压回路，按每组电压互感器分组。同一保护方式的电压回路一般排在一起，其中又按数字大小排列，再按 A、B、C、N 排列。③信号回路，对不同的遥信信号接入，并做一定的预留。④控制回路，其中又按不同的间隔进行分组。

（4）阅读二次回路图的基本方法。二次接线的最大特点是其设备、元件的动作严格按照设计的先后顺序进行，逻辑性很强，读图时若能抓住此规律就很容易看懂。阅图前首先应弄懂该张图纸所绘制的配电自动化终端的工作原理、功能以及图纸上所标符号代表的设备名称，然后再看图纸。其基本方法如下。①先交流，后直流。一般来说，交流回路比较简单，可先阅读二次接线图中的交流回路，把交流回路弄懂后，再根据交流回路的电气量以及系统中发生故障时的变化特点，向直流逻辑回路推断，再分析直流回路。②交流看电源，直流找线圈，这一点是指交流回路要从电源入手。交流回路由电流回路和电压回路两部分组成，先找出它们是由哪些电流互感器或哪一组电压互感器构成的，由两种互感器转换的电流或电压量起什么作用，与直流回路有什么关系，这些电气量是由哪些元器件反映出来的，然后再找与其相应的触点回路。按照这种方式把回路图中每个互感器及继电器分析完毕，对整个二次回路图的理解就更容易。③以继电器触点为基准，查清整个回路逻辑。找到继电器的线圈后，再找出与之相应的触点，根据触点的闭合或断开引起回路变化的情况，再进一步分析，直至查清整个逻辑回路的动作过程。④先上后下，从左向右，图纸元件不错漏。可理解为：一次接线的母线在上而负荷在下；在二次接线的展开图中，交流回路的互感器二次侧线圈（即电源）在上，其负载线圈在下；直流回路正电源在上，负电源在下，驱动触点在上，被启动的线圈在下；端子排图、屏背面接线图一般也是由上到下；单元设备编号则一般是按由左至右的顺序排列的。

3.6 配电自动化终端电源及储能设备概述

3.6.1 配电自动化终端电源系统架构

在配电自动化系统运行中，配电自动化终端电源及储能设备作为保障配电自动化终端正常工作的重要设备，其可靠性水平直接关系到配电自动化系统的实用化水平。而由于配电自动化终端呈海量分布，且运行环境较差，导致配电自动化终端的电源运维难度增加，尤其是以蓄电池作后备电源容易受到高温、潮湿等环境因素的影响，成为配电自动化系统实用化水平提升的瓶颈之一。

配电自动化终端的交流工作电源通常取自线路 TV 的二次侧输出（条件允许情况下，也可使用附近的低压交流电），供电电压为 AC220V，屏柜或二次附柜内部安装电源模块，将 AC220V 转换成 DC24/48V，给装置供电，同时提供一次开关操作、储能、遥信电源，具备为通信设备提供电源的能力。电源模块具备无缝投切后备电源的能力，满足配电自动化终端和通信终端的不间断供电的能力。也有部分终端采用 TA 取电方式供电，由于线路负荷电流变化范围较大，在线路处于空载或轻载状态时，取电 TA 难以提供足够的能量输出，实际使用效果欠佳。）配电网终端供电电源分为外部电源和内部电源两部分，框图如图 3-55 所示。

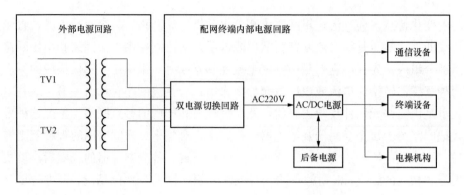

图 3-55   配电自动化终端供电电源原理框图

1. 外部电源回路

配电自动化终端外部电源回路主要是指外部互感器（或市电）连接至内部电源模块的设备和回路，以下以应用最为广泛的电压互感器为例介绍。

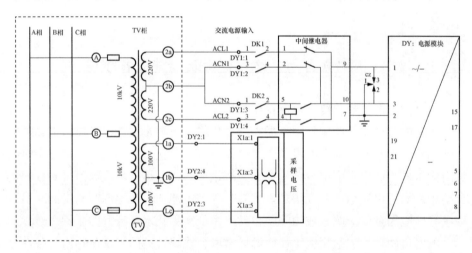

图 3-56   配电自动化终端外部电源回路图

终端外部电源回路有市电交流 220V 供电、电压互感器（TV）供电、直流屏供电等方式，图 3-56 以 TV 供电外部电源为例进行介绍：图中 TV 变比10/0.1/0.22kV，0.1kV 端子供配电自动化终端采样遥测电压，0.22kV 端子作为终端外部供电电源。当电压互感器所在线路上电，TV 二次侧得电，当合上空开 DK1 第一路电源给电源模块供电；合上空开 DK2 第二路电源使中间继电器得电，继电器动断触点断开，动合触点闭合，切断第一路电源供电，同时第二路电源导通给电源模块供电，电源模块为终端及通信设备供电。

2. 电源模块

配电自动化终端电源系统的核心部件为电源管理模块，根据电源模块的工作状态供电模式大致可分为两种：一是电网直接为变换器提供交流输入，变换器实现 AC/DC 功能，将交流转变为直流后，给终端设备供电，同时对电池进行浮充电；二是电网供电出现问题，后备电源为电源模块提供直流输入，变换器实现 DC/DC 功能，将电池直流转变为所需要的直流后，给终端设备供电。典型的电源模块内部框图如图 3-57 所示，包括防雷回路、双电源切换、整流回路、电源输出、充放电回路、后备电源等几个部分构成。

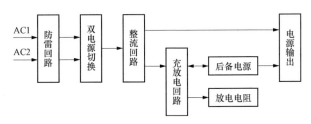

图 3-57　电源回路构成示意图

（1）防雷回路。为防止雷电和内部过电压的影响，配电自动化终端电源回路必须具备完善的防雷措施，通常在交流进线安装电源滤波器和防雷模块。

（2）双电源切换。为提高配电自动化终端电源的可靠性，在能够提供双路交流电源的场合（比如：在柱上断路器安装两侧 TV、环网柜两条进线均配置 TV 等），正常工作时，一路电源作为主供电源供电，另一路作为备用电源；当主供电源失电时，自动切换到备用电源供电。

（3）整流回路。把交流输入转换成直流输出，给输出回路、充电回路供电。

（4）电源输出。将整流回路或蓄电池的直流输出给测控单元、通信终端以及开关操动机构供电，具有外部输出短路保护功能。

（5）充放电回路。用于蓄电池的充放电管理。充电回路接收整流回路输出，产生蓄电池充电电流；放电回路接有放电电阻，定期对蓄电池活化，恢复其容量。

（6）后备电源。在失去交流电源时提供直流电源输出，以保证配电自动化终端、通信终端以及开关分/合闸操作的不间断供电。

3.6.2　配电自动化终端电源配置原则

可靠、稳定的电源系统是配电自动化终端稳定运行的核心，直接影响到整个配电自动化系统的可靠性和功能应用效果。配电自动化终端电源系统需要给装置本身、开关操作、通信设备以及其余柜内二次设备供电，并应具备无缝投切的后备电源的能力。从现场运行的经验来看，配电自动化终端配套供电电源异常是导致现场终端损坏或出现故障的主要原因之一，因此必须要对供电电源系统提出满足配电网运行环境的基本要求，如图 3-58 所示。

1）应支持双交流供电方式，采用蓄电池或超级电容作为后备电源供电，正常情况下，由交流电源供电，支持 TV 取电。当交流电源中断，装置应在无扰动情况下切换到另一路交流电源或后备电源供电；当交流电源恢复供电时，装置应自动切回交流供电。

2）应能实现对供电电源的状态进行监视和管理，具备后备电源低压告警、欠压切除等保护功能，并能将电源供电状况以遥信方式上送到配电自动化系统主站。

3）应具有智能电源管理功能和电池活化管理功能，能够自动、就地手动、远方遥控实现对蓄电池的充放电，且放电时间间隔可进行设置。

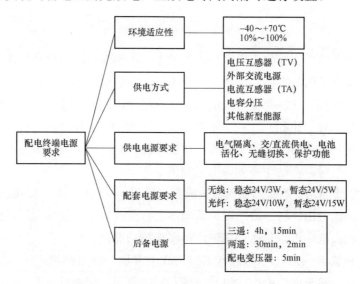

图 3-58　配电自动化终端电源系统要求

（1）供电方式。配电自动化终端供电方式的选择上可因地制宜，根据现场施工和设备运行情况选择。在现场条件允许情况下，配电自动化终端推荐使用220V 工频单相交流电供电，组屏式 DTU 可以采用站内直流屏供电。为确保供电的有效性，DTU 和 FTU 一般采用双路供电的方式。

（2）供电电源要求：

1）电源输入和输出应实现电气隔离。

2）主供电源应具备后备电源的充电管理功能，当主供电源供电不足或消失时，电源模块应能给出告警信号并自动无缝切换到后备电源供电。

3）供电电源采用交流 220V 供电或电压互感器供电时，应满足：①电压为单相 220V 或 110V；②电压容差为±20%；③频率容差为±5%；④波形为正弦波，谐波含量小于 10%。

4）对 TA 感应供电回路应具备大电流保护措施，当一次电流达到 20kA 并持续 4s 时，配电自动化终端不应损坏。

（3）配套电源要求。配套开关设备的有源接点输出容量宜不小于：直流 24V，16A 或直流 48V，16A 或直流 154V，60A 或交流 220V，16A。

（4）后备电源。后备电源宜采用蓄电池或超级电容，额定电压采用 DC 24V 或 48V；蓄电池寿命应不少于 3 年；超级电容寿命应不少于 10 年。后备电源应能保证配电自动化终端运行一定时间，满足表 3-6 要求。

表 3-6　　　　　　　　　　后备电源的技术参数表

序号	终端	维 持 时 间
1	三遥终端	蓄电池：应保证完成分-合-分操作并维持配电自动化终端及通信模块至少运行 4h；超级电容：应保证分闸操作并维持配电自动化终端及通信模块至少运行 15min
2	二遥终端	应保证维持配电自动化终端及通信模块至少运行 5min
3	配电变压器终端	应保证维持配变终端及通信模块至少运行 5min

3.6.3　配电自动化终端常用储能设备及运维

配电自动化终端后备电源在配电自动化系统中至关重要，配电自动化终端必须在线路失电的情况下维持工作一段时间，以完成故障检测、信息上报以及对开关进行遥控操作等一系列工作，实现故障快速定位、隔离并恢复非故障区域供电。因此，配电自动化终端后备电源配置方式成为配电自动化建设中必须要研究和解决的重要问题。储能设备是后备电源的核心，选择合适的储能设备，并定期进行运维，能有效的保障终端的可靠稳定运行。

1. 配电自动化终端常用储能设备

（1）铅酸蓄电池。铅酸蓄电池自发明以来，历经了许多重大的改进，提高了能量密度、循环寿命、高倍率放电等性能。目前配电自动化终端后备电源常用储能设备为阀控式密封铅酸蓄电池，是一种新型的蓄电池，使用过程中无酸雾排出，不会污染环境和腐蚀设备，蓄电池可以和配电二次设备安装在一起，维护比较简便。

阀控式铅酸蓄电池的化学反应原理就是充电时将电能转化为化学能在电池内储存起来，放电时将化学能转化为电能供给外系统。理论上蓄电池的充放电过程是完全可逆的，可以进行无数次充放电：放电过程中电池反应不断生成水，电池中电解液浓度不断降低，而充电过程不断消耗水并生成硫酸，使电池电解液浓度回升。而实际上，蓄电池的充放电过程还伴随其他反应，电解液会析出部分气体使得电解液仍会被少量消耗。

铅酸蓄电池的使用技术成熟、通用性好、成本低，是目前使用最多的配电自动化终端后备电源。但是，铅酸蓄电池同时存在污染环境、充电时间长以及受温度影响大等问题。铅酸蓄电池见图 3-59。

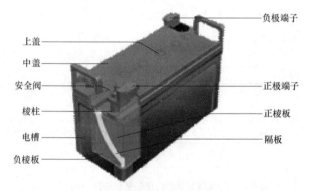

图 3-59　铅酸蓄电池

图 3-60　超级电容器

（2）超级电容。超级电容器是一种新型储能装置，超级电容器见图 3-60。它具有充电时间短、使用寿命长、温度特性好、节约能源和绿色环保等特点。它不同于传统的化学电源，是一种介于传统电容器与电池之间、具有特殊性能的电源。超级电容依据存储电荷原理的不同分为双电层电容和赝电容，超级电容储能的过程并不发生化学反应，这种储能过程是可逆的，也正因为此超级电容器可以反复充放电数十万次。

超级电容和其他化学电源相比具有充电时间短、使用寿命长、工作温度范围宽、功率密度高、放置时间长、免维护以及环保等优点。因此，超级电容在问世不久，即被广泛应用于工业、军事、能源以及运输业等各个领域。缺点是价格高、体积大、能量密度相对较小，单独对终端供电时间短。

（3）锂电池。"锂电池"，是一类由锂金属或锂合金为负极材料、使用非水电解质溶液的电池。由于锂金属的化学特性非常活泼，使得锂金属的加工、保存、使用对环境要求非常高。锂电池应用于配电自动化终端后备电源系统具有寿命较长、体积小等优点；缺点是温度范围窄，对环境要求高、功率密度一般。

2. 后备电源现场运维要求

后备电源运行维护方面，超级电容器作为直流后备电源一般应用于馈线终端设备，可实现免维护、免检修。这里主要讨论目前广泛用于配电自动化终端后备电源蓄电池的运行维护：

（1）环境温度对后备电源的放电容量、寿命、自放电、内阻等方面部有较大影响，虽然开关电源有温度补偿功能，但其灵敏度和调整幅度有限。因此，蓄电池室推荐单独配置环境调节设备，将温度控制在 22～25℃，这不仅可延长蓄电池的寿命，还能使蓄电池有最佳的容量。

（2）每月应检查一次充电设备运行参数是否在合格范围之内，有无故障告警信号。不论在任何情况下，蓄电池的浮充电压不应超过厂家给定的浮充值，并且要根据环境温度变化，随时利用电压调节系数来调整浮充电压的数值。

（3）在蓄电池不均衡性比较大、较深度地放电以及在蓄电池运行一个季度时，应采用均衡的方式对电池进行补充充电。在均衡充电时要注意环境温度的变化，并随环境温度的升高而将均衡电压设定的值降低。

（4）在阀控式电池组投产运行前应认真记录每只单体电池的电压和内阻数据，作为原始资料妥善保存，以后每运行半年，需将运行的数据与原始数据进行比较，如发现异常情况应及时进行处理。

（5）阀控铅酸蓄电池运行到使用寿命的一半时，需适当增加测试的频次，尤其是对单体 12V 的电池增加测试。如果电池内阻突然增加或测量电压有数值不稳（特别是小数点后两位），应立即作为"落后电池"，进行活化处理。

（6）采用技术手段加强监视，如使用蓄电池在线监测装置，实时监测蓄电池工作状态。将采集的信息送到监控中心，出现异常情况及时报警，尽早处理。

（7）蓄电池的内阻偏差不应超过平均内阻值的 30%，超过平均内阻值 30% 的应进行跟踪处理；超过平均内阻值或超过投运初始值 50%的应进行活化或充放电处理；相同连接条的阻值要求基本一致。

3.7　配电自动化系统通信规约

在配电自动化通信系统中，为了实现主站、终端正确地传送和接收信息，必须有一套关于信息传输顺序、信息格式和信息内容的约定，这一套约定称为通信规约或协议。目前配电自动化系统比较通用的通信规约包括 IEC60870-5-101、IEC60870-5-104 等。而随着智能电网、智能配电网研究和建设的深入，电网对配电自动化终端智能化的要求越来越高，IEC61850 作为新一代电力自动化领域的无缝通信国际标准，逐渐应用于发电（风电、水电、分布式能源）、配电、用电等多个领域，该标准也是未来配电自动化系统通信规约的一个发展方向。

3.7.1　IEC60870-5-101 规约

（1）101 规约架构。IEC60870-5-101 规约是国际电工委员会（IEC）技术委员会 TC-57 在 IEC60870 系列标准的基础上制定的一个配套标准，针对 IEC60870-5 基本标准中的 FT1.2 异步式字节传输帧格式，对物理层、链路层、应用层、用户进程作了大量具体的规定和定义。是应用于配电自动化和电网调度自动化系统的传输规约基本远动任务配套标准。

101 规约架构依据 ISO 的 OSI 七层标准模型转化而来，考虑到传送效率，101 规约选用的参考模型只有三层，即应用层、链路层和物理层。配套标准所选用的标准条文见表 3-7 所列。

表 3-7　　　　　　　　　101 规约结构

从 IEC 60870-5-5 选用的应用功能	用户进程
从 IEC 60870-5-3 选用的应用服务数据单元	应用层（第 7 层）
从 IEC 60870-5-4 选用的应用信息元素	
从 IEC 60870-5-2 选用的链路传输规则	链路层（第 2 层）
从 IEC 60870-5-1 选用的传输帧格式	
从 ITU-T 建议中选用	物理层（第 1 层）

1）物理层。采用国际电信联盟远程通信标准化组织（ITU-T）建议，定义

了配电自动化主站和配电自动化终端的数据通信的物理链路。

2）链路层。定义了101规约的两种传输方式：平衡式和非平衡式。平衡式传输方式即主站端和子站端（终端）都可以作为起动站；而非平衡式传输方式的101规约是问答式规约，只有主站端可以作为起动站，子站端（终端）只能被动响应。

3）应用层。配套标准应按照IEC60870-5-3的一般结构定义相应的应用服务数据单元，采用IEC60870-5-4中应用信息元素的定义和编码规范构建应用服务数据单元（ASDU），即所需传输的数据本身。

一般而言，平衡式和非平衡式的选择，有两方面的因素来考虑：一是通道结构，如果是点对点的全双工通道，推荐使用平衡模式（如配电自动化终端采用GPRS/CDMA/3G等无线公网通信），而在点对多点的通道结构中，为避免多个被控站同一时刻在同一通道上传输数据，基本采用非平衡模式（如电力线载波通信方式）；二是现场因素的作用，比如在使用无线公网通信的情况下，主站不可能通过频繁问答来实现数据的采集（流量问题），但又想在兼顾流量的情况下，保证数据的实时性，应采用平衡模式。

（2）平衡式101规约正常通信过程。在配电自动化建设将逐渐覆盖城郊、县域等非城市核心区的基础上，越来越多的配电自动化终端将采用无线公网通信方式接入配电自动化系统主站，通信规约则选用适用于无线公网通信的平衡式101规约，下面以平衡式为例介绍101规约的正常通信过程。

1）初始化过程。通信的双方中的任何一方重新上电或通信中断后，都需要进行初始化过程，在通信之前双方必须建立链接，只有链路完好后方可交换应用数据。在初始化后，配电自动化系统主站需要向配电自动化终端发布一个总召唤命令来进行数据更新，随后还需通过时钟同步命令来实现两站间的时钟同步，初始化流程如图3-61所示。

2）总召唤过程。总召唤指令由主站启动发送，用于获取终端所有有效数据。总召唤启动的条件有以下两种：①通信中断后或第1次通电后，主站收到终端的"初始化结束"报文，将对该终端进行总召唤过程；②定时总召唤或手动总召唤。配电自动化系统主站定时总召唤的周期间隔可以人工设置，默认间隔为30min。

3）时间同步过程。时间同步用于主站同步终端时钟，采取SNTP方式对终端对时：延时获得、延时传递和时间同步。终端在与主站完成时钟同步后，需要终端内部定时器完善内部时钟的维护。

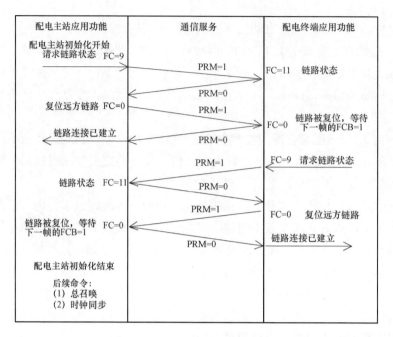

图 3-61　平衡式 101 初始化过程

4）心跳测试过程。心跳报文严格由主站控制，主站在通道空闲时发送，如果在设定周期内有数据交互，则主站定时器归零，重新计时；发送时间周期可配置，略高于通信供应商提供的无线网络最小允许的空闲时间（40～60s）。

除上述正常通信过程外，101 规约还考虑了通信异常的处理：①在通信网络状态不佳的情况下，启用组召唤指令，召唤重要遥信量和遥测量，以保证重要数据的及时准确上送；②当启动站没有收到确认报文，重复发送上帧报文 5 次（可设置），可判断为通道中断，由主站对链路进行重启；③配电自动化终端应能存储历史事件，以避免因链路中断或装置异常导致的重要信息未上送，应在恢复正常后主动上送存储的 SOE 记录。

3.7.2　IEC60870-5-104 规约

（1）104 规约架构：IEC60870-5-104 规约是把 IEC60870-5-101 的应用服务数据单元（ASDU）用网络规约 TCP/IP 进行传输的标准，该标准为远动信息的网络传输提供了通信规约依据。采用 104 规约组合 101 规约的 ASDU 的方式后，可很好的保证规约的标准化和通信的可靠性。IEC104 远动规约使用的参考模型源出于开放式系统互联的 ISO-OSI 参考模型，但它只采用其中的 5 层，其结构如表 3-8 所示。

表 3-8   **104 规 约 结 构**

根据 IEC 60870-5-101 从 IEC60870-5-5 中选取的应用功能	初始化	用户进程
从 IEC60870-5-101 和 IEC60870-5-104 中选取的 ASDU		应用层（第7层）
APCI（应用规约控制信息）传输接口（用户到 TCP 的接口）		
TCP/IP 协议子集（RFC2200）		传输层（第4层）
		网络层（第3层）
		链路层（第2层）
		物理层（第1层）

注：第5、第6层未用。

在表 3-8 的五层参考模型中，IEC104 处于应用层协议的位置；为了保证可靠地传输远动数据，IEC104 规定传输层使用的是 TCP 协议，并规定使用的端口号为 2404。IEC104 规约属于 IEC60870-5 系列标准的配套标准，共享相同的应用数据结构和应用信息元素的定义和编码，是目前配电自动化系统应用最为广泛的通信协议。

（2）104 规约正常通信过程：

1）建立连接过程。TCP 连接和建立采用客户端/服务器端方式，由客户端主动发起连接，服务器端被动等待连接，在配电自动化系统中，一般情况下，由配电自动化终端作为服务器端，主站作为客户端主动发起连接。

2）启动数据传输。启动数据传输帧为 U 格式帧。当客户端与服务器端建立连接后，客户端主动发送一个 STARTDT 指令激活用户数据传输，只有 STARTDT 指令被确认后，主站与终端才能交互数据。

3）数据传输过程。当 STARTDT 指令被服务器端激活后，主站启动对时命令，使主站与终端时间同步，紧接着主站发送总召唤命令，终端发送总召确认帧，然后发送全遥信和全遥测帧，最后发送总召结束帧，激活结束。一般情况下，可每半个小时对时一次，每 15min 总召一次。

4）心跳测试。当通道处于空闲状态时，心跳报文用于维持主站和终端间的实连接，一般由主站定时发送，心跳时间间隔可设置。

5）错误重传机制。利用超时机制检测网络状态是实现应用 IEC104 稳定传输数据的一个基本方法。因此，要分别对发送、接收报文建立计数器进行计数，按照规约定义进行超时断开处理。默认情况下，当发送 12 个 APDU 未收到确认报文，应要断开这条连接，进行重连传输。

3.7.3　IEC61850 通信规约

（1）IEC 61850 简介。IEC 61850 标准是电力系统自动化领域唯一的全球通用标准，2009 年 IEC61850 Ed 2.0 开始发布《电力自动化系统通信网络与系统》，解决智能电网中不同厂商之间的互操作问题。配电自动化系统采用目前的 104 或 101 通信规约，配电自动化终端存在缺乏自描述功能、不能实现即插即用、难以满足含分布式电源的新型配电网的监控需求等问题。而 IEC 61850 通过终端设备对象数据模型的标准化和信息交换模型的标准化能够有效解决上述问题。IEC 61850 标准体系结构见图 3-62。

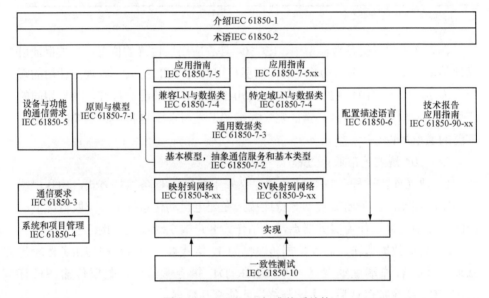

图 3-62　IEC61850 标准体系结构

IEC 61850 标准将当前电力系统广泛应用的多种通信协议规范化，此外还能充分适应智能配电网的发展方向，包含了可再生能源及微电网的接入、储能、电动汽车的充放电、配电网一次设备的状态监测及资产管理等诸多方面。

（2）IEC61850 在配电自动化系统中的应用。IEC61850 标准在配电自动化中的应用包括配电通信网络构建、配电自动化终端互操作技术、信息交互机制以及即插即用配置等多个方面。基于 IEC61850 通信网络分层、功能自由分布的理念，可面向配电网不同数据应用需求，采用不同通信协议、通信方式、通信架构等构筑终端与主站之间的通信网络以及支持分布式智能控制的终端与终端之间的通信网络。下面探讨 IEC61850 应用与配电自动化系统的典型应用。

1）配电自动化终端设备建模。IEC61850 标准与以前通信协议最大的区别就是采用了面向对象的分析方法和实现手段，通过将现实世界中的实体对象经过虚拟、抽象、封装等手段，把功能可以对外交互的信息组织在模型中，并建立适当的通信服务来确定信息的传输方式和过程，形成信息模型。使用统一的建模方式是实现同一系统内不同厂家生产的智能电子设备之间互操作的基础之一。IEC61850 采用分层的、面向对象的建模技术，并定义了数据模型、服务及建模方法。

2）信息交互模型。IEC61850 标准定义了统一、标准化的信息交互模型，实现了智能电子设备的信息建模，解决了不同厂家设备之间的互操作性问题。信息交互模型是以抽象接口服务（ACSI）为基础，提供了一整套获取信息模型的基本服务功能，包括基本模型规范和信息交换服务等。信息交换服务包括核心服务、通用变电站事件模型、采样值传输模型、时间同步等。

3）通信服务映射。ASCI 的具体报文及编码需要通过特定通信服务映射（SCSM）映射到具体的实现方式上。对于配电自动化服务的实现方式，采用映射到 IEC60870-5-101/104 规约的映射方式。

IEC TC57 制定了 IEC61850-80-1 作为与 IEC60870-5-101/104 之间信息交换的原则，可实现 IEC61850 至 IEC60870-5-101/104 的数据模型映射，用于配电自动化系统主站与终端间的信息通信。而对于 IEC61850 偏重信息模型自描述的部分，在 IEC60870-5-101/104 中没有相应的实现，这主要是由于两种标准所采用的模型不一致造成的，对于这些无法直接映射的部分可以采用 Web Service 方式进行传输。

3.8 配电自动化系统二次安全防护

电力监控系统及调度数据网作为电力系统的重要基础设施，不仅与电力生产、经营和服务相关，而且与电网调度和控制系统的安全运行紧密关联，是电力系统安全的重要组成部分。电力生产直接关系到国计民生，其安全问题一直是国家有关部门关注的重点之一。

包括调度自动化、配电自动化等在内的二次自动化系统安全性要求非常高。根据最新的国家电力监管委员会第 14 号令《电力监控系统安全防护规定》的安全防护要求，包括配电自动化系统在内的电力监控系统都需要配置合适的、满足安全防护要求的防护、隔离和检测设备，并制定详细的管理措施，以保证系统安全可靠运行。

3.8.1　配电自动化系统二次安全防护原则

为了确保电力监控系统数据网络的安全，抵御黑客、病毒、恶意代码等各种形式的恶意破坏和攻击，防止电力二次系统的崩溃或瘫痪，保障电力的安全稳定运行，依据 2014 年 9 月 1 日起实施的国家电力监管委员会第 14 号令《电力监控系统安全防护规定》的安全防护要求对电力监控系统制定相应的配电自动化系统安全防护策略。

配电自动化系统安全防护策略重点描述采用公网通信方式的纵向安全防护措施，遵循国家能源局最新的《电力监控系统安全防护规定》的要求，参照"安全分区、网络专用、横向隔离、纵向认证"的原则，针对 10kV 以下中低压配电自动化系统的业务特点，充分考虑了监测器终端的生产、采购、检测、安装、运维的各个环节的管理模式，本着安全性高、维护方便和部署简单的基本原则，为中低压监测终端的信息安全提供可靠的安全防护机制。对于配电网中采用专网或专线通信方式的配电自动化系统可参考对应的安全机制。

3.8.2　配电自动化系统安全防护方案

配电自动化系统主站与子站及终端的通信方式以电力光纤通信为主，对于不具备电力光纤通信条件的末梢配电自动化终端，采用无线通信方式。无论采用哪种通信方式，都应对控制指令使用基于非对称密钥的单向认证加密技术进行安全防护。

当配电自动化系统采用 EPON、GPON 或光以太网络等技术时，应使用独立纤芯或波长；配电网监控专用通信网络应能与调度数据网络相联，并纳入统一安全管理。

当采用无线公网通信方式时，遵循《电力监控系统安全防护规定》的最新规定：生产控制大区的业务系统在与其终端的纵向联接中使用无线通信网、电力企业其他数据网（非电力调度数据网）或者外部公用数据网的虚拟专用网络方式（VPN）等进行通信的，应当设立安全接入区。

安全接入区与生产控制大区中其他部分的联接处必须设置经国家指定部门检测认证的电力专用横向单向安全隔离装置。

3.8.3　配电自动化系统安全防护典型部署

按照国家电监会二次安全防护有关规定对安全区的划分，配电自动化系统主站主要部分处于安全Ⅰ区，与处于安全Ⅱ区、安全Ⅲ区/Ⅳ区的其他信息系统之间必须进行有效隔离，WEB服务器一般配置到安全Ⅲ区。

当配电自动化系统采用 EPON、GPON 或光以太网络等技术时应使用独立纤芯或波长；配电网监控专用通信网络应能与调度数据网络相联，并纳入统一安全管理，配电自动化系统安全部署如图 3-63 所示。

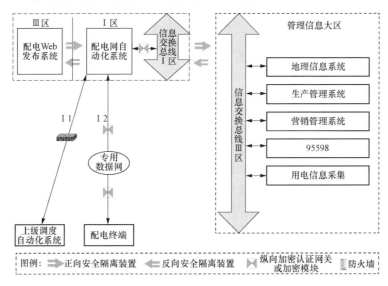

图 3-63　配电自动化系统安全部署示意图

分别在配电自动化系统主站Ⅰ区前置服务器和无线接入安全接入区各部署两台加密网关，安全接入网关设备安装主站私钥和签名模块，实现数据报文的完整性保护和主站身份鉴别，同时加入随机数，保证数据报文的时效性，并对整个报文数据包进行对称加密。终端采用内置安全模块或安装加密软件包的形式，以插件或嵌入终端设备板卡的方式安装于配电自动化终端内，以便于安装、维修及更换等工作，实现终端对主站的身份鉴别、报文完整性保护和抗重放攻击功能。

实施过程中，需要在配电自动化系统主站公网前置机安装主站私钥和签名模块，实现对控制命令（或参数设置）报文的数字签名。子站或配电自动化终端应安装主站公钥和验签模块，实现子站终端对主站的身份鉴别和抗重放攻击功能。配电自动化系统应当支持必要的加解密防护措施，重点防护控制指令的安全，在具体实施安全防护工程时，应当注意与上级安全区域的对应，防止出现纵向交叉。

3.9 馈线自动化技术

馈线自动化就是利用自动化装置或系统，监视配电网的运行状况，及时发现配电网故障，进行故障定位、隔离和恢复对非故障区域的供电，是配电自动化最重要的内容之一。馈线自动化建设模式可分为集中式馈线自动化和就地式馈线自动化两种模式。

集中式馈线自动化是通过配电自动化系统主站与配电自动化终端相互配合，实现配电线路的故障定位、故障隔离和恢复非故障区域供电的馈线自动化处理模式。可分为全自动和半自动两种实现方式：①全自动方式：配电自动化系统主站通过快速收集区域内配电自动化终端的信息，判断配电网运行状态，集中进行故障识别、定位，通过主站自动遥控完成故障隔离和非故障区域恢复供电。②半自动方式：配电自动化系统主站通过收集区域内配电自动化终端的信息，判断配电网运行状态，集中进行故障识别、定位，通过人工遥控完成故障隔离和非故障区域恢复供电。

就地式馈线自动化是不依赖配电自动化主站，通过终端相互通信、逻辑配合或时序配合，完成故障区域定位、隔离及非故障区域恢复供电的馈线自动化处理模式。就地式馈线自动化分为重合器方式和智能分布式：①重合器方式：在故障发生时，通过线路开关间的逻辑配合，利用重合器实现线路故障的就地识别、隔离和非故障线路恢复供电。②智能分布式：通过配电自动化终端的相互配合，实现故障隔离和非故障区域恢复供电，并可根据需要将故障处理的结果上报给配电自动化系统主站。

3.9.1 集中式馈线自动化

集中式馈线自动化将馈线自动化处理的"大脑"放在配电自动化系统主站，依赖 SCADA 系统获取实时信息对已发生的故障集中进行处理。现场的配电自动化终端通过通信通道将故障信息送到配电自动化系统主站，配电自动化系统主站根据开关状态、故障检测信息、网络拓扑分析，判断故障区段、下发遥控命令，跳开故障区段两侧的断路器，重合上级变电站出线断路器和下级闭合联络开关，恢复非故障线路的供电。此方式控制准确，适合各种复杂配电系统，但它需要有可靠的通信通道、配电自动化系统主站的计算机软、硬件系统。

集中式馈线自动化根据其人工参与程度，可以分为全自动式和半自动式。①全自动式：主站通过收集区域内配电自动化终端的信息，判断配电网运行状态，集中进行故障定位，自动完成故障隔离和非故障区域恢复供电；②半自动式：主站通过收集区域内配电自动化终端的信息，判断配电网运行状态，集中进行故障识别，通过遥控完成故障隔离和非故障区域恢复供电。

以图 3-64 为例，当故障发生在开关 A6、A7 之间时，对集中式馈线自动化处理过程进行说明。

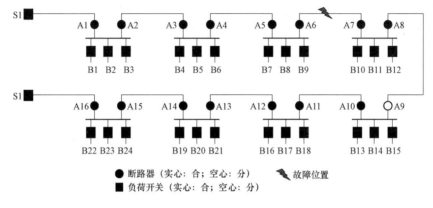

图 3-64　集中式馈线自动化处理测试图

（1）故障自动定位。根据变电站 S1 开关跳闸和 A1～A6 开关上送的故障指示信息，判断故障发生 A6、A7 开关之间馈线区段。

（2）故障自动隔离。确定隔离故障的最小可控部分（故障区段），给出拉开 A6、A7 两个开关操作的提示，通过人机交互或自动处理的方式隔离故障区域。

（3）恢复上游失电区域的供电。通过判断故障区域与已经跳闸的开关 S1 未直接相连，则要求合闸 S1 开关，以尽快恢复故障区上游失电负荷供电。

（4）形成需要转供的负荷单元。系统分析失电区域的连通性后，得出转供单元。

（5）针对每个转供单元最终得出最佳转供方案。优化技术采用模糊多目标规划方法。优化目标函数综合采用开关操作次数最小、恢复负荷最多（故障损失最小）、恢复后的网络负荷最均衡；方案优化时综合考虑馈线裕度、变电站容量约束和网络约束（节点电压、馈线电流等）。对各种转供方案进行校验，得出针对每一个转供单元的最佳转供方案。图中因只有一个转供电源，因此将根据负荷大小合闸 A9，恢复 B10、B11、B12 后段负荷的供电。

利用配电自动化终端上送故障信息，在配电自动化系统主站集中决策的馈线自动化模式的优点是：在故障处理的过程中，不会多次重合到故障电流上，不会对线路产生冲击；集中式馈线自动化对各种不同类型网架结构的适应性好，具有良好的通用性，集中式馈线自动化的实现必须依靠配电自动化系统主站和通信通道，通信速率和通道可靠性直接影响故障处理的成功与否。

3.9.2 就地式馈线自动化

（1）重合器方式：采用配电自动化开关设备的馈线自动化系统，不需要建设通信通道，只需恰当利用配电自动化开关设备的相互配合关系就能达到隔离故障区域和恢复健全区域供电的目的。

有三种典型的配电自动化开关设备的相互配合实现馈线自动化的模式，即重合器和重合器配合模式、重合器和电压—时间型分段器配合模式以及重合器和过流脉冲计数型分段器配合模式。以下以重合器与电压—时间型分段器配合实现故障隔离为例对重合器方式就地式馈线自动化进行介绍。

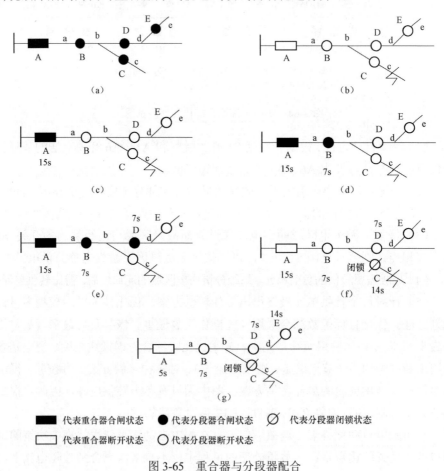

图 3-65　重合器与分段器配合

图 3-65（a）为一个典型的辐射状网在采用重合器与电压—时间型分段器配合时，隔离故障区段的过程示意图，图 3-65（b）～（g）为各开关的动作时序图。

图 3-65 中，A 采用重合器，整定为一慢一快，即第一次重合时间为 15s，第二次重合时时间为 5s，B、C、D 和 E 采用电压—时间型分段器，其中 B 和 D 的 X 时限均整定为 14s，C 和 E 的 X 时限均整定为 14s，Y 时限整定为 5s。分段器均设置在第一套功能。

图 3-65（a）为该辐射状网正常工作的情形。

图 3-65（b）为 c 区段发生永久性故障，重合器 A 跳闸，导致线路失压，造成分段器 B、C、D 和 E 均失压。

图 3-65（c）描述在故障跳闸 15s 后，重合器 A 第一次重合。

图 3-65（d）描述又经过 7s 的 X 时限后，分段器 B 自动合闸，将电供至 b 区段。

图 3-65（e）描述又经过 7s 的 X 时限后，分段器 D 自动合闸，将电供至 d 区段。

图 3-65（f）描述分段器 B 合闸后，经过 14s 的 X 时限后，分段器 C 自动合闸，由于 C 段存在永久性故障，再次导致重合器 A 跳闸，从而线路失压，导致线路停电，且分段器 C 合闸后未达到 Y 时限又跳闸，该分段器将被闭锁。

图 3-65（g）描述重合器 A 再次跳闸后，又经过 5s 进行第二次重合，分段器 B、D 和 E 依次自动合闸，而分段器 C 因闭锁保持分闸状态，从而隔离了故障区段，恢复了健全区段供电。

（2）智能分布式：通过配电自动化终端之间的故障处理逻辑，实现故障隔离和非故障区域恢复供电，并将故障处理结果上报给配电自动化系统主站。智能分布式馈线自动化见图 3-66。

配电自动化终端 4 控制一次开关为联络开关，处于断开状态，假设故障发生在配电自动化终端 2 与配电自动化终端 3 之间，当终端装置配电自动化终端 2 主动与其相邻开关上的终端装置进行对等通信时，召唤配电自动化终端 1 和配电自动化终端 3 的故障信息，由于配电自动化终端 1、配电自动化终端 2 检测到故障而配电自动化终端 3 没有检测到故障，配电自动化终端 2 判断故障点在其后侧，配电自动化终端 2 跳开自身开关，同时配电自动化终端 2 向配电自动化终端 3 发送跳闸信息，配电自动化终端 3 接收到信息后跳开，完成故障定位、隔离。S2 和 S3 的快速跳开一般在 200ms 内完成，合理配置变电站 10kV

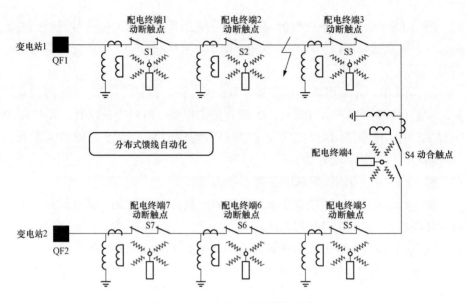

图 3-66　智能分布式馈线自动化

出线开关 CB1 的速断定值使其大于 200ms，则 CB1 不需要跳闸，从而使故障上游区域不需要停电。配电自动化终端 4 没有检测到故障信息，也没有收到其他配电自动化终端上报的故障检测信息，但检测到一侧失压后自动重合开关 4，从而快速使 S3 与 S4 间恢复供电。

3.9.3　馈线自动化方案比较

如表 3-9 所示，将不同的馈线自动化方案从特点、通信要求及实施原则等方面进行比较。

表 3-9　　　　　　　　　　馈线自动化方案比较

实现方式	特　　　点	通信要求	实施原则
集中式 FA 模式（半自动、全自动化）	对于配电自动化系统主站、配电自动化终端、通信终端等各环节可靠性要求高； 需要配电自动化系统主站具有配电网全局拓扑分析能力； 故障处理速度较快，处理时间在分钟级	建设有效而又可靠的通信网络，对配电网通信的依赖性强	对于主站与终端之间具备可靠通信条件，且开关具备遥控功能的区域，可采用集中式全自动式或半自动式
智能分布 FA 模式	故障处理速度快，处理时间在 ms 级水平； 无需配电自动化系统主站、子站的配合，具有更高的可靠性； 配电自动化终端之间的具备通信条件	配电自动化终端之间分布式对等通信网络	对于电缆环网等一次网架结构成熟稳定，且配电自动化终端之间具备对等通信条件的区域，可采用就地式智能分布式

实现方式	特　点	通信要求	实施原则
重合器模式	建设成本低；故障处理及供电恢复速度慢； 对系统及用户冲击大； 需改变重合闸的时间定值整定较为复杂；多电源多分支的复杂网络，参数配合困难	不需要通信	适合于网架结构比较简单的架空线路，不具备通信手段或通信条件不完善可靠性较低的场合

3.10　信息交互总线

　　配电自动化终端主要负责采集开关类设备的信息，而配电自动化的应用需求不光包括开关类设备信息，还包括配电变压器以及部分低压信息，这就要求在配电自动化应用的过程中，需要扩展配电自动化信息采集的外沿。目前，供电企业在配电网生产、调度和配用电营销方面开展了信息化系统的建设与应用，显著提升了配电网生产和用电营销的管理效率和水平。但是，由于各应用系统都是独立运行，系统之间横向集成不够强，数据共享、业务功能集成度不高，因而"孤岛效应"日趋严重，一些综合性应用无法实现。解决配电自动化系统与其他配电网应用系统之间的信息共享问题，实现应用系统的横向及纵向集成，扩大配电自动化系统的信息采集处理外沿，已成为配电自动化系统建设应用所必须解决的重要任务。因此有必要建设配电自动化信息交互系统。

3.10.1　配电自动化信息交互技术

　　信息交互是指系统或设备之间发出和接受信息的过程，广义的信息交互等同于信息互操作，既包含信息交换，也包含信息理解与使用；狭义的信息交互仅包含信息交换，如信息交互总线或信息交换总线。配电自动化信息交互是指以配电自动化系统为核心，基于统一的信息交互总线或服务，分别与调度自动化、电网空间信息服务、生产管理、营销业务应用等平台/系统之间共享配电自动化相关信息的规范化过程。配电自动化系统信息交互如图 3-67 所示。

　　配电自动化信息交换总线，是符合 IEC 61968 标准和消息机制的消息中间件服务，用以消除配电自动化与相关信息系统之间的差异，实现跨系统的配电业务互动与整合。在实现异构系统之间透明信息交换的基础之上，信息交换总线还提供业务流程编排、信息流可视化与分析、业务状态监测、跨安全区传输，以及数据缓存、持久化及校验等各种功能。

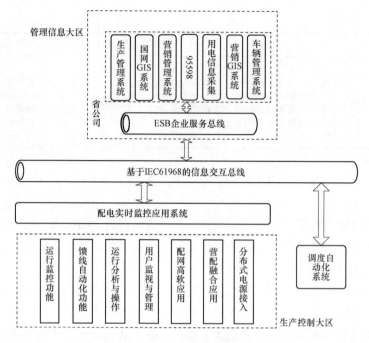

图 3-67　配电自动化系统信息交互示意图

3.10.2　信息系统之间交互的内容

配电自动化信息交互将配电自动化系统与生产、调度、营销方面的数个系统进行信息融合，达到共享配电网运行信息的目的，实现跨系统的配电业务互动整合，提高配电自动化系统的实用性。下面介绍与配电自动化系统进行信息交互的几个主要系统及其交互内容。

1. 生产管理系统 PMS（见表 3-10）

表 3-10　　　　　生产管理系统 PMS 信息交互内容

应用集成需求	1）PMS 系统维护了所有配电设备模型，并保证设备唯一性； 2）通过设备的唯一编码，配电自动化系统可以从 PMS 系统查询到配电设备的台账信息、电压合格率等
应用集成 架构模式	按照数据中心的方式来集成，即生产管理系统将其数据同步到省公司数据中心，配电自动化系统通过数据信息交换总线从数据中心获取数据。具体要求有： 1）设备台账信息维护并且以日更新的方式同步至数据中心； 2）电压合格率维护并且以日更新的方式同步至数据中心； 3）设备缺陷信息维护并且以日更新的方式同步至数据中心； 4）线路巡视记录维护并且以日更新的方式同步至数据中心
应用集成 服务接口	上传到总线的数据： 1）设备台账参数；

应用集成服务接口	2）电压合格率； 3）设备缺陷信息； 4）线路巡视记录
集成注意事项	1）PMS 系统中的配电网设备台账信息需提前与营销系统的信息对应，确保相同的设备在两个系统中的信息相对应，如配变所带的用户信息等； 2）设备拓扑需维护至低压表箱

2. 营销管理系统 CIS（见表 3-11）

表 3-11　　　　　　　营销管理系统 CIS 信息交互内容

应用集成需求	主站与营销管理系统集成主要是获取其用户档案信息以及用户的计量采集信息，用于完成停电影响用户分析等功能
应用集成架构模式	营销系统在企业集成总线上提供查询服务，配电自动化系统主站通过部署在地市的信息交换总线访问查询服务
应用集成服务接口	上传到总线的数据： 1）用户档案信息； 2）用户计量采集信息
集成注意事项	CIS 系统中的用户信息应提前与 PMS 系统的信息对应，确保相同的设备在两个系统中的信息相对应，如某个用户由哪个配电变压器供电等

3. 地理信息系统 GIS（见表 3-12）

表 3-12　　　　　　　地理信息系统 GIS 信息交互内容

应用集成需求	配电自动化系统中所有图模信息均来源于 GIS 系统，GIS 系统则需要从配电自动化系统中获取设备的准实时数据，以及模拟量的历史数据
应用集成架构模式	应采用省级代理方式，如地市级Ⅲ区总线通过省级代理与企业服务总线 ESB 连接，并通过 ESB 实现与省级电网 GIS 应用系统之间的信息交互
应用集成服务接口	1）上传到总线的数据：馈线模型、馈线单线图、馈线地理沿布图、地理切片图； 2）从总线获取的数据：设备准实时数据、模拟量历史数据
集成注意事项	配电网改造更新相对比较频繁，在改造或新建工程结束后，应及时在 GIS 系统中更新对应的馈线或线路，确保 GIS 中的信息与配电网实际情况一致

4. 能量管理系统 EMS（见表 3-13）

表 3-13　　　　　　　能量管理系统 EMS 信息交互内容

应用集成需求	配电自动化系统中的站内模型和图形需要从 EMS 系统获取，同时也需要从 EMS 中获取全部电压等级设备的状态实时信息，主要有开关状态、模拟量。另外，DMS 系统中的馈线自动化功能还依赖 10kV 站内开关的动作信息

应用集成 架构模式	1）EMS 图模信息以总线方式集成； 2）EMS 系统主要采用下面两种方式完成模型的更新发布，任何一个在总线上的订阅该类消息的应用系统都能够及时得到该消息，例如配电自动化系统、GIS 系统等，①采用全模型的方式完成更新模型的发布；②按单个厂站或部分厂站方式完成更新模型的发布； 3）EMS 实时信息采用 104 规约集成； 对于遥测、遥信等实时信息，EMS 系统采用 104 规约作为 DMS 系统一个 RTU，将信息上传到 DMS 系统
应用集成 服务接口	上传到总线的数据： 1）站内设备实时信息； 2）站内图形模型； 3）10kV 开关的保护信息
集成注意事项	1）变电站内 10kV 出线开关的控制权应该明确归 EMS 系统； 2）DMS 系统在配电网故障隔离、非故障区域恢复供电过程中，如需要遥控变电站内 10kV 出线开关，应向 EMS 发送请求，由 EMS 的值班人员执行遥控操作

5. 用电信息采集系统 AMR（见表 3-14）

表 3-14　　　　　　　用电信息采集系统 AMR 信息交互内容

应用集成需求	DMS 需要从用电信息采集系统集成配变的准实时遥测数据，主要包括有功、无功、电流等
应用集成 架构模式	1）用电信息采集系统通常由省公司统一部署，应在省公司 SG186 应用集成总线上提供查询服务，DMS 通过部署在地市的信息交换总线访问查询服务； 2）对于遥测、遥信等实时信息，EMS 系统采用 104 规约作为 DMS 系统一个 RTU，将信息上传到 DMS 系统
应用集成 服务接口	1）上传到总线的数据：馈线模型、馈线单线图、馈线地理沿布图、地理切片图； 2）从总线获取的数据：设备准实时数据、模拟量历史数据
集成注意事项	配电网改造更新相对比较频繁，在改造或新建工程结束后，应及时在 GIS 系统中更新对应的馈线或线路，确保 GIS 中的信息与配电网实际情况一致

6. 调度管理系统 OMS（见表-15）

表 3-15　　　　　　　调度管理系统 OMS 信息交互内容

应用集成需求	目前各供电公司的检修计划制定、执行等都是在调度管理系统中进行的。因此停电计划要从 OMS 中获取
应用集成 架构模式	以数据库访问方式集成，OMS 系统数据库提供一份只读视图，由 OMS 接口服务访问，并把数据上传到信息交换总线，供应用系统访问
应用集成 服务接口	上传到总线数据：计划停电信息

4

配电自动化系统调试概述

配电自动化系统担负着配电网运行状况监控的重要任务，系统投运后如果出现如站点停运、触点抖动、开关误动作、保护失效等问题，不仅影响配电自动化系统运行，甚至导致线路停运、故障无法及时检测及切除等事故发生，影响电网运行安全及用户供电可靠性。因此配电自动化系统必须经过严格的调试测试流程，确保设备及系统功能、性能及可靠性满足要求，从而保障配电自动化系统的高质量的建设及稳定可靠运行。

配电自动化系统调试工作是当配电自动化系统设备的安装工作结束以后，按照国家有关规范规程、制造厂家技术要求，逐项进行各个设备的调整试验，以检验安装质量及设备质量是否符合有关技术要求，并得出是否适宜投入正常运行的结论。

调试的主要内容是：对安装于现场的全部电气设备，包括一次设备、配电自动化终端及通信设备，在安装过程中、安装结束后及带电后的调整试验；对安装于机房的配电自动化系统主站的设备，包括服务器、网络设备、二次安全防护设备等，测试所有设备的互联互通，并按照配电自动化系统主站的功能、性能所开展的调整试验；核对配电自动化终端设备定值；审核校对图纸；编写设备及装置的接入调试方案及系统测试方案；负责过程中的电气调试工作和系统实用化运行的技术指导。

4.1 配电自动化系统调试工作特点

作为一个专业面广、参与部门众多的系统工程建设，调试在整个工程建设中起着技术把关、穿针引线的作用，因此，制定详细的调试计划，明确各环节的调试流程就变得至关重要。配电自动化系统的调试工作相比主网设备有着自身的特点，主要包括以下几点：

（1）调试验收设备数量众多、相关专业面广。配电自动化系统的一个显著特点是所接入的终端、通信设备数量众多，这是由配电网本身设备分散、数量众多的特点所决定的，一个城市配电自动化系统所接入的配电自动化终端、通信设备的数量往往和省级调度自动化系统相当甚至更多。同时，和调度自动化系统类似，配电自动化除了涵盖自动化、通信专业外，还需要对继电保护、高压、信息化等专业的知识面要有所了解，但与主网不同的是，调度自动化系统相关专业的分工明确，但对于配电自动化，配电自动化终端、部分配电通信设备、配电网高压设备、配电网继电保护设备的调试、运行维护往往是由一个单位负责，这一方面要求加强相关人员培训，另一方面也要求配电自动化系统的调试模式必须要有所创新，在确保安全质量的前提下尽可能提高调试效率。

（2）配电网高压设备、配电自动化终端、通信设备之间集成度高。传统的变电站、火电厂调试，其高压设备往往处于户外较为宽阔的场地，二次控制设备及通信设备位于二次控制小室，高压与二次控制设备之间通过长距离二次电缆连接，二次控制设备与通信设备之间处于不同的屏柜，之间用通信网络连接。配电自动化设备则有别于这种安装方式，高压设备、配电自动化终端、通信设备往往安装于同一箱体之内，箱体分别布置高压室、二次小室，高压室放置高压设备，二次小室放置配电自动化终端与通信设备，集成度很高。这使得现场调试的过程中，负责高压、配电自动化终端及通信设备调试的人员往往在同一时间、空间平面上开展工作，互相关联度极高。

（3）整个调试验收工作受现场配电线路停电的影响较大。传统的变电站、火电厂在规定的送电时间之前，调试验收人员有充分的时间安排调试验收工作，灵活度较大。配电自动化调试中，由于牵涉高压设备与配电自动化终端之间的协调控制以及牵涉高压设备的自动化接口改造，需要将高压配电设备停电才能开展建设改造与调试工作，而对于城市，特别是城市核心区，配电线路的停电有严格的要求，其时间一般较短，往往只有几个小时时间。在这么短的时间内完成所有设备的安装、调试、验收工作，需要各部门及相关人员之间分工明确，配合默契，否则将会出现由于调试验收不到位所引起的重复停电，降低建设区域的供电可靠性。

综上所述，配电自动化设备现场调试工作面临现场设备数量大、分散面广、现场环境差、无法提供调试电源等问题，往往会导致现场调试验收效率低、建设区域用户停电时间长等问题。

为了克服这一问题，提高配电自动化现场调试的准确度及效率，配电自动化实施单位普遍采用了"集中调试，同步建设"的调试模式，即设备到货后首先不进行现场安装，先选择一个环境较好的仓库，在仓库内将高压、二次设备集中，结合高压设备开展配电自动化终端设备单体调试，调试时配电自动化终端输入最终的设备定值，自动化信息点测试采用模拟配电自动化系统主站或直接接入真实系统的方式开展，终端功能及二次回路的调试是基于实际终端设备定值及二次回路开展，最大程度保证了集中仓库调试与现场调试的一致性。待仓库集中调试完成，现场通信设备安装布置到位后，再进行高压、二次设备的现场安装，确保高压设备、二次设备、通信设备的"三同步"，即：同步调试、同步投产、同步运行。

相应的，配电自动化系统的交接验收工作随着调试模式的转变而有所改变。由于普遍采用仓库集中调试的模式，且仓库内往往已经铺设好了到实际配电自动化系统主站的通信通道，部分单位配调的验收节点已经提前到仓库内，即在仓库内开展设备调试时，配调的自动化人员已经在配电自动化系统主站内完成了终端配置信息点以及模型入库的工作，实现了对配电自动化设备的仓库调试、验收的同步进行，待设备运送到现场安装完成后，仅开展传动、电流通流等复核性试验，不再开展全部的信号核对工作。同时，由现场的配电生产人员对现场设备的安装、二次回路、调试报告进行验收查证。

与传统的现场调试验收的模式相比，"集中调试，同步建设"的配电自动化调试验收新模式具有如下优点：

（1）解决了配电自动化设备点多面广、现场调试验收环境差的问题，所有的设备先在仓库统一集中调试，便于集中人员、装备开展调试工作，以使调试工作受刮风下雨等恶劣天气的影响降到最低。

（2）解决了配电自动化调试验收多专业人员现场混合作业的问题，提升了调试工作的效率和质量。仓库中便于人员装备的集中，便于合理分配各专业的工作面，避免了原先多专业在同一时间、同一平面开展工作的不利，同时，由于不受现场停电时间的制约，调试工作的效率和质量也得到了大幅度的提升，有效避免了以往赶时间所造成的调试死角。

（3）有效缩短了配电自动化调试验收的时间，降低了配电自动化建设对区域供电可靠性的影响。通过仓库集中调试验收，大大缩短了现场调试的时间。湖南省配电自动化调试验收工作计算，采用仓库集中调试后，每个接入点现场平均节约时间 2.5h 以上。

（4）降低配电自动化调试验收的安全风险、减轻了人员的工作强度。仓库集中调试大幅度减轻了现场投运的试验项目及工作量，缩短了人员现场持续作业的时间，进而降低了安全风险，减轻了人员的工作强度。

4.2 配电自动化系统调试工作流程

配电自动化调试主要包括工厂调试及现场调试两大环节，工厂调试所开展的工作主要是保证系统各部分接口的正确性，现场调试即设备在现场安装过程中所进行的试验，目的是确保所有设备功能及数据传输的正确性，以使全系统达到设计所要求的功能及性能。配电自动化调试总流程见图4-1。

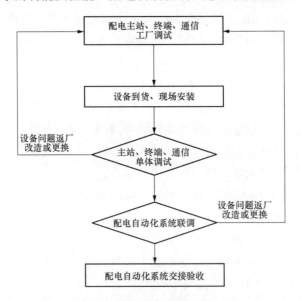

图 4-1　配电自动化调试总流程图

1. 配电自动化系统工厂调试

工厂调试是为了确认配电自动化产品是否满足技术协议所要求，在制造厂家内所开展的调试工作。调试主要包括配电自动化系统主站、配电自动化终端和配电通信系统的硬件检查、功能测试和稳定性测试等内容。在实际的工厂调试中，配电自动化系统主站是系统调试工作的重点，用时最长，本节重点介绍一下配电自动化系统主站的工厂调试条件及流程，配电自动化终端和配电通信系统的内容可以参见配电自动化终端和配电通信设备调试的章节。配电自动化系统工厂调试见图4-2。

图 4-2　配电自动化系统工厂调试

（1）工厂调试应具备下列条件：

1）配电自动化系统主站服务器操作系统、数据库、网络系统正确安装与配置。

2）配电自动化系统主站、配电自动化终端、配电通信系统应通过出厂检验，并由制造单位提供出厂检验报告及产品合格证。

3）搭建模拟调试环境，调试环境应采用工程项目中的设备，如实际的配电自动化系统主站软硬件设备、实际的配电自动化终端及通信设备，以确保最大程度的模拟现场实际环境。

（2）工厂调试的流程（见图 4-3）。在项目配电自动化系统主站的硬件到位后，按照最终配置及连接方式完成系统硬件平台的搭建工作，分阶段进行调试工作：

1）第一阶段侧重整个调试系统的搭建工作，按照配电自动化系统主站的配置和网络架构要求，搭建完整的主站、通信和终端联调环境，包括：主站硬件平台的搭建、应用软件的安装、建设区域配电网图模的导入合并与拓扑检查、模拟终端环境、实际配电自动化终端的接入、二次安全防护测试平台的搭建等工作。

2）第二阶段主要实现主站和终端的联调，包括 DTU、FTU 等终端的联调，完成终端的通信规约和功能检测；对于采用无线公网通信的终端，还需要在模拟Ⅲ区部署数据采集服务器上完成主站与实际无线终端的通信，同时应测试传输数据穿过实际反向隔离装置进入模拟Ⅰ区主站所需的时延。

3）第三阶段进行完整的系统主站功能及性能调试。系统功能调试主要针对系统的人机界面、SCADA 功能、馈线自动化、系统设置及权限配置、信息分

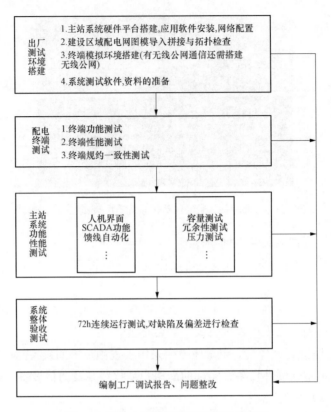

| 出厂测试环境搭建 | 1.主站系统硬件平台搭建,应用软件安装,网络配置
2.建设区域配电网图模导入拼接与拓扑检查
3.终端模拟环境搭建(有无线公网通信还需搭建无线公网)
4.系统测试软件,资料的准备 |

| 配电终端测试 | 1.终端功能测试
2.终端性能测试
3.终端规约一致性测试 |

| 主站系统功能性能测试 | 人机界面
SCADA功能
馈线自动化
… | 容量测试
冗余性测试
压力测试
… |

| 系统整体验收测试 | 72h连续运行测试,对缺陷及偏差进行检查 |

| 编制工厂调试报告、问题整改 |

图4-3　配电自动化系统工厂调试流程图

流、系统告警、拓扑分析等功能进行需求分析及定制开发。功能部分的调试需要结合厂内搭建的终端模拟环境、FA注入式测试等软件工具开展,调试要以典型配电网线路及实际配电网线路图模开展,以保证实施效果。性能调试主要测试系统的数据完整性和各节点的冗余性,并需搭建与招标文件一致的大容量测试环境,进行雪崩及系统冗余性测试。

4)第四阶段主要进行系统调试的总结及整改,即根据厂验发现的问题采取对应的处理措施,确保发现问题并及时整改完善。

2. 配电自动化系统现场调试

配电自动化现场调试就是指设备运到现场后所开展的调试工作,是整个系统调试的主要环节,目的是确保系统各部分连接后,接口及数据传输的有效性,使系统最终达到正常运行的功能和性能要求。配电自动化系统现场调试见图4-4。

为使调试工作能够顺利进行，应成立由调试人员组成的现场调试工作组，调试人员事前应研究图纸资料、设备制造厂家的出厂试验报告和相关技术资料，了解现场设备的布置情况，熟悉有关电气系统接线等。

图 4-4　配电自动化系统现场调试

除此以外，还要根据有关规程规范的要求，制定设备的调试方案，即调试项目和调试计划。其中调试项目包括：不同设备的不同试验项目和规范要求，并在可能的情况下列出具体的试验方法、关键试验步骤、详细试验接线以及有关的安全措施等。调试计划则包括：系统调试工作的整体工作量，具体时间安排，人员安排，所需实验设备、工器具以及相关的辅助材料等。

（1）调试工作的组织形式：

1）按专业分。配电自动化系统主站组负责对配电自动化系统主站功能性能开展测试，确保所有接入系统数据的正确性；

通信试验组负责校对通信网络、通信设备试验等工作；

终端调试组负责校对图纸、查对接线、回路通电试验及配电自动化终端试验等工作；

高压试验组负责高压电气设备的绝缘试验和特性试验等工作。

2）按系统分。配电自动化系统主站、通信系统、安装于现场的配电系统（含高压设备、配电自动化终端、电源系统及通信设备）等。

在实际的调试工作中，以上两种方式并不是一成不变的，往往根据调试人员的水平、工期的长短等而有所改变，目的是更好地完成电气调试任务。对于调试人员的培训，可按"多能一专"的原则进行。

（2）系统现场调试应具备下列条件：

1）配电自动化系统主站完成现场安装布置，系统主站到调度自动化系统、地理信息系统、生产管理系统、营销系统的接口已经开放；

2）配电自动化系统通信设备及通信线缆已经同步到货并开展现场的安装工作；

3）配电自动化终端及一次设备已经完成集成总装并已到达建设区域；

4）应用单位成立调试工作组，调试工作分工明确，所需要的资料齐备。

（3）系统现场调试流程（见图 4-5）

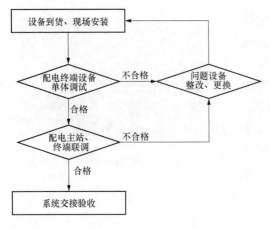

现场调试主要分为配电自动化设备的单体调整和试验，配电自动化分系统接入配电自动化系统主站联调两个重要环节：

1）配电自动化终端设备单体调试。配电自动化终端设备单体调试主要对终端的功能及相关配套的电源、电流互感器及二次回路进行试验，主要包括外观部分及机械部分检查、绝缘电阻测试、装置电源试验、通电检验、通信及维护功

图 4-5　配电自动化系统现场调试流程图

能试验、开关量输入检验、交流采样检验、保护定值试验、遥控操作试验、TA特性试验等试验项目，其中二次回路的相关校验要结合高压设备开展，确保整个二次回路的正确性。

2）配电自动化分系统联调。完成了配电自动化终端设备调试后，在配电自动化通信通道建设完成后就可以开展配电自动化分系统接入配电自动化系统主站的联调。

配电自动化通信通道按照所采用技术的不同需开展的试验项目也有所不同，目前主要的通信通道是光纤网络与无线通信网络，光纤网络铺设完成后，应用光功率计及光时域反射仪对终端接入点的光功率及整个光路的情况进行测试。无线设备接入前，还应用无线信号分析仪对设备接入点的无线信号强度进行测试。

通信网络完成测试后，配电自动化分系统即可接入配电自动化系统主站，在完成设备的单体调试后，现场设备接入前还应进行复核性试验，试验主要包括远方的遥控操作、电流互感器二次回路通流试验、实际设备间隔编号与主站图模编号核对等。在完成复核性试验后即可对设备送电试运行，在设备送电后还应使用钳形相位表对二次电流、电压回路的幅值、相位进行校验，避免出现接触不良、电流互感器极性安装错误等情况。

4.3　配电自动化系统调试工作的安全保障

配电自动化调试有部分工作是带电工作，因此要特别注意人身和设备的安

全。具体的要求如下：

（1）调试人员要定期学习电力安全工作规程，考试合格方可上岗。

（2）学习急救触电人员的方法。

（3）按照试验方案和作业指导书要求开展调试，并学习反事故措施。

（4）调试工作必须有二人及以上人员共同配合工作。

（5）调试人员使用的工具必须绝缘性能良好，且工作人员穿戴相应的绝缘用品。

（6）任何回路、设备未经调试不得送电投入运行，并在相应回路上挂明显的标识牌。

（7）试验设备检验合格，设备配置、仪表的量程满足试验要求。

（8）高压试验应设隔离带，接地线连接可靠。试验结束后需要充分放电。

（9）二次调试要避免电流互感器二次侧电流回路开路和电压回路短路，在各个回路绝缘合格的情况下才能通电试验。进行电压试验时，采取防止电压互感器反送电的措施。

4.4　技术资料的整理和技术总结

配电自动化调试工作的质量除了要求电气调试人员自身的技术素质以外，主要还是凭借调试人员对现场工作经验的积累。因此，在每个工程的电气调试工作结束以后，必要的技术资料的整理和技术总结非常必要，主要包括：

（1）工程简况。

（2）重要设备、复杂设备和新型设备的调整和调试记录。

（3）设计修改以及存在的缺陷，设计修改后的优势。

（4）重大事故分析报告。

（5）尚待解决的技术问题。

（6）调试过程中采用的新技术，新经验的总结等。

（7）在调试工作组完成调试任务后，还应向建设、运行单位移交相关调试资料及报告。

配电自动化系统主站调试

5.1 概　　述

配电自动化系统主站调试包括主站的功能测试、性能测试、稳定性测试和安全性测试等。功能测试是按照配电自动化系统功能规范及有关技术协议文件进行测试，以验证协议中各种功能的完成情况。性能测试是按照验收准则结合系统配置开展性能指标测试，主要对系统各项功能的技术指标进行实际测试。稳定性测试主要测试系统运行的稳定性，在出厂测试中应连续测试 72h 以上，在现场验收投入试运行后在设定的工况下连续运行，系统不能出现影响正常运行、降低实时性与可靠性等方面的故障。安全性测试是测试配电自动化系统主站、终端安全防护等功能是否符合相关标准规范的要求。

5.2　主站平台服务系统

5.2.1　支撑软件测试

支撑软件主要是指项目所使用的第三方软件，验证这些软件是否满足项目需求。

1. 关系数据库软件

测试内容及指标：数据库的功能及性能是否满足项目的需求；数据库是否可以实现双机热备。

测试方法和策略：

1）核查设计文档和资料，查看是否满足项目需求；

2）安装好数据库后，进行双机切换试验，验证客户端访问数据库基本不受影响。重复进行 3 次试验，验证是否每次成功。

2. 数据总线的构成

测试内容及指标：数据总线由消息总线和服务总线构成，消息总线提供进程间（计算机间和内部）的信息高速传输；服务总线采用面向服务架构（SOA），提供服务封装、注册、管理等功能。数据总线结构见图5-1。

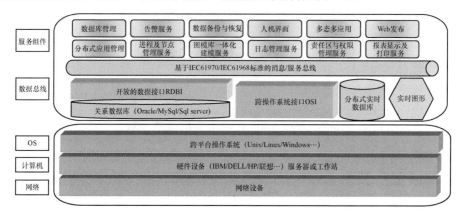

图 5-1　数据总线结构图

测试方法和策略：核查设计文档和资料，查看是否满足项目需求，包括检查分层分布式体系结构、是否有标准化和开放性的设计以及分布式通信管理部分。

5.2.2 数据库管理测试

数据库管理一般分为数据库编辑器和实时数据库查看与管理工具两个部分，验证这两个进程对数据库的管理功能。

1. 数据库维护工具的数据维护功能

测试内容及指标：具有完善的交互式环境的数据库录入、维护、检索工具和良好的用户界面，可进行数据库删除、清零、拷贝、备份、恢复、扩容等操作，并具有完备的数据修改日志。

测试方法和策略：

1）打开一张数据表，执行插入行操作，在数据表新增的记录行中编辑新增的记录，或者在编辑器窗口编辑数据，编辑完毕后，执行保存操作进行保存，保存后验证是否正确保存成功；

2）打开一张数据表，选择一条记录，点击后可直接在该记录行上编辑，或者在编辑器窗口编辑数据，执行保存操作进行保存，保存后验证是否正确保存成功；

3）打开一张数据表，选择一条记录，执行删除行操作，执行保存操作进行保存，保存后验证是否正确保存成功；

4）打开一张数据表，执行批量插入操作，在弹出的条件设置窗口中设置条件，点击确定，观察数据表窗口中是否批量插入成功；

5）打开一张数据表，执行批量更新操作，在弹出的条件设置窗口中设置条件，点击确定，观察数据表窗口中是否批量更新成功；

6）打开一张数据表，同时选定多个记录，选择执行批量更新操作，在弹出的对话框中设置条件，点击确定，验证数据表中数据是否正确更新。

2. 数据库同步测试

测试内容及指标：具备全网数据同步功能，任一元件参数在整个系统中只输入一次，全网数据保持一致，数据和备份数据保持一致。

测试方法和策略：

1）在不同节点上使用实时数据库查看与管理工具打开同一张实时数据表，如实遥测总表，观察验证在各个节点上打开的表显示数据是否保持一致；

2）在任一节点上编辑相关数据并增量更新入实时库，在其他节点上使用实时数据库查看与管理工具观察验证编辑后的数据是否一致；

3）关闭任一节点上的实时数据库查看与管理工具，待其他节点数据变化后，重新打开该节点上的实时数据库查看与管理工具，验证显示数据是否与其他节点一致。

3. 多数据集测试

测试内容及指标：可以建立多种数据集，用于各种场景如培训、测试、计算等。

测试方法和策略：使用实时数据库查看与管理工具查看开关表等模型表的多域组数据。

4. 离线文件保存测试

测试内容及指标：支持将在线数据库保存为离线的文件和将离线的文件转化为在线数据库的功能。

测试方法和策略：在线数据库是指实时数据库。系统应支持将整个数据库存成文件，也应支持将单张实时库表保存成固定格式的文本文件。在实际系统中对数据库和单张实时库表进行导出导入操作，表中数据应不发生变化。

5. 带时标的实时数据处理测试

测试内容及指标：在全系统能够统一对时及规约支持的前提下，可以利用配电自动化终端的时标而非主站时标来标识每一个变化遥信，更加准确地反映现场的实际变化。

测试方法和策略：模拟现场遥信变位，检查主站实时库和历史库中存储的 SOE 时标与终端是否一致。

6. 数据可恢复性测试

测试内容及指标：配电自动化系统主站故障消失后，数据库能够迅速恢复到故障前的状态。

测试方法和策略：对整个系统进行黑启动测试，记录从黑启动到数据库恢复的时间，并与系统技术规范书进行比较。

5.2.3 数据备份与恢复测试

对数据进行备份与恢复，使用配电自动化系统主站数据库建库工具或者配电自动化系统主站所采用的商业数据库的逻辑备份还原工具来完成，对当前系统的数据进行不同方式的备份和恢复操作，验证数据是否可靠保存。

1. 全数据备份与恢复测试

测试内容及指标：能够将数据库中所有信息进行备份，并能依据全数据库备份文件进行全库恢复。

测试方法和策略：启动数据库逻辑备份还原工具，选择整个数据库进行备份或还原。

2. 模型数据备份与恢复测试

测试内容及指标：能够单独指定所需的模型数据进行备份，并能依据模型备份文件进行模型数据恢复。

测试方法和策略：启动数据库逻辑备份还原工具，选择指定模式进行备份或还原。

3. 历史数据备份与恢复测试

测试内容及指标：能够指定时间段对历史采样数据进行备份，并能够依据历史数据备份文件进行历史数据恢复。

测试方法和策略：启动数据库逻辑备份还原工具对指定时间段的历史采样数据进行备份，并依据备份文件用逻辑备份还原工具手动恢复数据。

4. 定时自动备份测试

测试内容及指标：能够设定自动备份周期，对数据库进行自动备份。

测试方法和策略：启动数据库逻辑备份还原工具，设置自动备份周期，检查周期备份数据的正确性。

5. 数据导出功能测试

测试方法和策略：具备数据导出功能，为离线数据分析提供数据导出。

测试方法和策略：用数据库逻辑备份还原工具导出参数库表；用数据库逻辑备份还原工具导出历史库表。

5.2.4 多态多应用测试

使用系统人机界面对系统支持多态和多应用进行验证。

1. 多态支持测试

测试内容及指标：系统应具备实时态、研究态、未来态等应用场景，各态独立配置模型，互不影响。

测试方法和策略：实时态下有数据采集与处理、网络分析、操作票等应用。研究态通过加载历史断面，可进行数据采集与处理、反演、网络分析等应用；未来态下可通过加载模拟的未来数据断面，可进行数据采集与处理、网络分析。

2. 多应用支持测试

测试内容及指标：分别在实时态、研究态、未来态下进行应用功能测试，各态下可灵活配置相关应用，同一种应用可在不同态下独立运行。

测试方法和策略：在实时态下测试操作票、网络分析应用。在研究态下测试反演、网络分析。在未来态下测试网络分析。

3. 多态切换功能测试

测试内容及指标：多态之间可以相互切换。

测试方法和策略：在系统人机界面切换实时态、未来态、研究态（见图5-2），检测是否具备多态的切换功能，且切换恢复后原有功能正常。

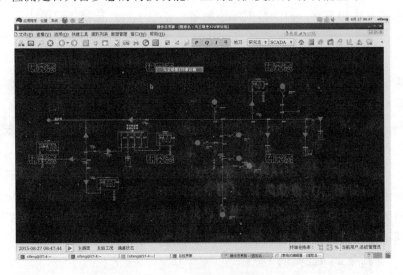

图5-2　研究态示意图

5.2.5　责任区权限管理测试

图 5-3　用户责任区示意图

验证系统权限管理工具对用户责任区及权限进行定义和配置。权限管理能根据不同的工作职能和工作性质赋予人员不同的权限和权限有效期。

1. 层次权限管理测试

测试内容及指标：系统的权限定义应采用层次管理的方式，系统具有角色、用户和组三种基本权限主体。

测试方法和策略：在实现了配电网模型的建立后，打开系统权限管理工具，验证可以通过配电网模型树灵活地按照厂站、间隔等定义责任区；并预留了运行维护操作和系统管理的专门责任区。具备用户组、用户的定义和配置。

2. 权限绑定测试

测试内容及指标：系统支持给不同工作站节点赋予不同的权限。

测试方法和策略：打开系统权限管理工具，测试其具备节点权限管理功能。

3. 权限配置测试

测试内容及指标：系统支持给不同岗位用户赋予不同的操作权限。

测试方法和策略：使用系统权限管理工具，对定义好的用户组，验证可以按照用户组定义其责任区，及责任区上的各种操作权限。选择用户组下的用户，观察其是否继承了用户组已定义的责任区权限。

4．用户特殊权限配置测试

测试内容及指标：系统支持对用户增加其用户组未定义的权限。

测试方法和策略：使用系统权限管理工具，对某个用户在其用户组责任区权限的基础上增加用户组不具备的权限。

5.2.6 告警服务测试

使用数据库编辑器编辑相关告警表，运行告警查看器来查看报警信息。

1．告警动作测试

测试内容及指标：告警服务应具备多种告警动作，包括语音报警、音响报警、推画面报警、打印报警、中文短消息报警、需人工确认报警、上告警窗、登录告警库等。

测试方法和策略：

1）使用实际的配电自动化终端或者终端模拟器模拟遥信变位或越限告警事项；

2）在运行告警查看器的告警列表窗口中查看验证事项是否按要求区分报警和事件、报警态和确认态；

3）观察报警和事件有不同的显示页面；

4）配置语音报警、鸣笛和告警推图。

2．告警定义测试

测试内容及指标：系统支持根据调度员责任及工作权限范围设置事项及告警内容，告警限值及告警死区均可设置和修改。

测试方法和策略：

1）使用数据库编辑器对告警格式进行定义；

2）重启运行告警查看器；

3）在运行告警查看器的告警列表窗口中观察告警定义的有效性。

3．告警画面调用测试

测试内容及指标：系统支持通过告警窗中的提示信息调用相应画面。

测试方法和策略：

1）执行运行告警查看器的添加配置命令，在弹出的对话框中添加新的告警列表窗口并配置相关条件；

2）在不同的告警列表窗口页面中根据运行告警查看器的过滤选择窗口配置过滤条件，确定每个告警窗口按照要求显示。

4．告警信息存储、打印、测试

测试内容及指标：告警信息可长期保存并可按指定条件查询、打印。

测试方法和策略：

1）使用运行告警查看器进行告警信息的存储及打印；

2）观察验证告警信息存储及打印的正确性。

5. 告警分流测试

测试内容及指标：系统支持根据责任区及权限对报警信息进行分类、分流。

测试方法和策略：

1）在对整个配电网划分不同责任区后，定义拥有不同责任区的用户及相应权限；

2）在不同节点用不同用户登录系统，验证运行告警查看器报警窗口中只有各用户责任区范围内的报警和事项。

5.2.7 报表管理测试

使用报表管理工具，验证系统对报表的支持。

1. 报表定制测试

测试内容及指标：报表管理工具能够灵活定制数据报表。

测试方法和策略：

1）运行报表工具；

2）执行报表管理工具的新建文件命令，在弹出的文件生成对话框中进行设置，并点击确定，定制一份报表；

3）在主菜单工具栏下拉列表中点击数据选择，弹出数据选择对话框；

4）在数据选择对话框中，选择任一或者多个实时监测数据后，点击右键弹出菜单中的关联备选项，进行数据关联；

5）观察验证所关联数据是否正确。

2. 报表维护测试

测试内容及指标：具备报表属性设置、报表参数设置、报表生成、报表发布、报表打印、报表修改、报表浏览等功能。

测试方法和策略：

1）运行报表管理工具，选择目录列表中已经定制成功的一份报表；

2）对报表中的参数进行重新关联或设置，验证能否进行配置修改；

3）对修改好的报表存盘后，选择数据浏览功能，选择适当的时间，验证报表显示数据是否正确，验证可以进行报表打印；

4）在报表目录选择一份报表，使用右键菜单的删除功能，删除该报表，并验证是否正确删除。

3. 报表数据管理测试

测试内容及指标：可针对报表数据进行多种常用数学运算。

测试方法和策略：

1）执行报表管理工具的"公式"编辑指令；

2）选择求和、平均、最大、最小等公式，验证常用公式是否正确。

4. 报表类型测试

测试内容及指标：可以按日、月、年等生成各种类型及统计报表。

测试方法和策略：执行报表管理工具的新建文件指令，在弹出的文件生成对话框中进行设置，分别选择日、月、年生成相关报表，观察验证报表是否生成正确。

5. 报表定时生成测试

测试内容及指标：具备定时统计生成报表功能；

测试方法和策略：设置任一时间间隔，观察验证报表是否正确实现定时生成。

5.2.8　人机界面测试

测试各种人机界面的操作和显示。

1. 参数设置

测试内容及指标：系统可根据需要对数据进行设置、过滤、闭锁。

测试方法和策略：

1）使用图形编辑器绘制一幅接线图并进行数据建模及参数设置，在设置时通过数据选择对话框进行过滤；

2）运行表格编辑器可以打开网络节点、进程配置等相关配置表进行相关配置；

3）观察验证使用图形编辑器及表格编辑器进行配置结果的正确性。

2. 人机界面测试

测试内容及指标：①界面操作，提供方便、直观和快速的操作方法和方便多样的调图方式，满足菜单驱动、操作简单、屏幕显示信息准确等要求；②人机界面应遵循 CIM-E、CIM-G，支持相关授权单位远程调阅。

测试方法和策略：

1）启动系统主界面，可通过索引目录调图，还可通过输入图形拼音调图，在工具栏中可点击按钮快速启动告警查看器、表格式编辑器、实时库查看器等；

2）从系统主界面的菜单中选择"系统配置"菜单，按照对话框选择不同的动态着色模式、点的装饰方式，然后观察不同设置方式下配电网接线图的显示方式；

3）将图形转存成 CIM-E、CIM-G 文件格式。

3. 图形显示测试

测试内容及指标：

1）实时监视画面应支持厂站图、线路单线图、区域联络图和自动化系统运行工况图等；

2）支持多屏显示、图形多窗口、无级缩放、漫游、拖拽、分层分级显示等。

测试方法和策略：

1）在图形编辑器及系统主界面分别打开多幅图形，观察图形是否显示正确；

2）在图形编辑器及系统主界面打开的图形中使用鼠标或键盘缩放图形，观察验证缩放是否正确；

3）在图形编辑器及系统主界面中使用导航漫游功能观察图形，验证是否能正确导航漫游；

4）在图形编辑器及系统主界面打开的图形中使用鼠标拖拽图形，观察图形是否正确；

5）在图形编辑器及系统主界面中分别设置不同的图层设置参数，观察是否能正确分层显示。

4. 查询和定位

测试内容及指标：支持查询和定位设备。

测试方法和策略：在图形编辑器中打开一幅接线图，如厂站、馈线接线图或配电网联络图，点击相对应的功能按钮，在弹出的对话框中查询并定位设备，观察是否可正确显示。

5. 字体支持

测试内容及指标：系统提供并支持国家标准一、二级字库汉字及矢量汉字。

测试方法和策略：

1）在图形编辑器新建一幅图形，并绘制编辑文本图元和其他几何图元，验证文字可以支持国家标准一、二级字库中的任意汉字；

2）在系统人机界面中打开该图形，并观察验证是否正确显示汉字，进行图形放缩显示，验证文字大小可以同步缩放。

6. 交互操作测试

测试内容及指标：交互操作画面包括遥控、人工置位、报警确认、挂牌和临时跳接等各类操作执行画面等。

测试方法和策略：

1）在系统人机界面中打开一幅接线图，点击选择一开关右键执行遥控，在弹出的窗口中观察整个操作过程是否符合用户需求，在遥控窗口中依次执行命令，观察是否可以正确遥控；

2）在打开的接线图上对断路器或隔离开关进行人工置数操作，观察其状态变化，从系统告警查看器中观察生成的操作事项；

3）在接线图上对馈线段、开关进行挂牌操作，观察图形画面的变化，从系统告警查看器中观察生成的挂牌操作事项。

5.2.9　系统运行状态管理测试

使用数据库编辑器设置进程启动方案，使用实时库查看器和告警查看器查看进程启动信息，系统运行状态管理能够对配电自动化系统主站各服务器、工作站、应用软件及网络的运行状态进行管理和控制。配电自动化系统主站各节点运行状态图见图 5-4。

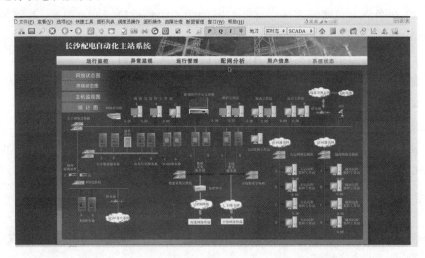

图 5-4　配电自动化系统主站各节点运行状态图

1. 节点状态监视和管理测试

测试内容及指标：动态监视服务器 CPU 负载率、内存使用率、网络流量和硬盘剩余空间等信息。

测试方法和策略：

1）打开实时库查看器及告警查看器；

2）在不同的节点上启动程序；

3）在告警查看器中查看节点及进程启动事项；

4）在实时库查看器中打开进程配置状态表、进程运行状态表、网络节点配置表、网络节点状态表，查看当前系统状态；

5）在不同的节点启动程序，观察告警查看器显示信息及实时库查看器相关表的信息变化；

6）分别断开或连接各个节点计算机，观察告警查看器显示信息及实时库查看器相关表的信息变化；

7）使用各个节点操作系统本身的功能查看当前节点的 CPU、内存及磁盘使用情况。

2. 软硬件功能管理测试

测试内容及指标：系统支持对整个配电自动化系统主站中硬件设备、软件功能的运行状态等进行管理。

测试方法和策略：启动系统后查看当前节点的 CPU、内存及磁盘使用情况。

3. 状态异常报警测试

测试内容及指标：系统支持对硬件设备或软件功能运行异常的节点进行报警。

测试方法和策略：合理配置各种报警需要的服务或限值，模拟各种异常情况，包含以下几种：

1）重要进程异常退出报警；

2）磁盘应用分区占用率过高报警；

3）数据库空间占用率过高报警；

4）数据库连接个数过多报警；

5）节点退出或网络故障报警；

6）节点 CPU 负荷率过高报警；

7）网络故障报警，观察验证报警是否正常。

4. 在线、离线诊断测试工具测试

测试内容及指标：系统提供完整的在线和离线诊断测试手段，以维护系统的完整性和可用性，提高系统运行效率。

测试方法和策略：

1）在线诊断：系统提供完善的告警机制，对系统的各种异常及时报警；

2）离线诊断：系统提供完善的历史事项存储机制，即时将异常事项录入历史库，并且有比较详细的程序日志供专业人员进行分析。

5．其他功能测试

测试内容及指标：提供冗余管理、应用管理、网络管理等功能。

测试方法和策略：

1）在不同节点启动程序；

2）在实时库查看器相关表中观察记录变化，在告警查看器中观察信息事项，并验证是否正确；

3）在节点状态图中切换主节点、主进程。

5.2.10　WEB 发布测试

配置物理隔离设备（正向），在 III 区的 WEB 发布服务器上运行 WEB 发布服务，在台式机上的 IE 窗口验证 WEB 发布的内容。系统 WEB 发布图见图 5-5。

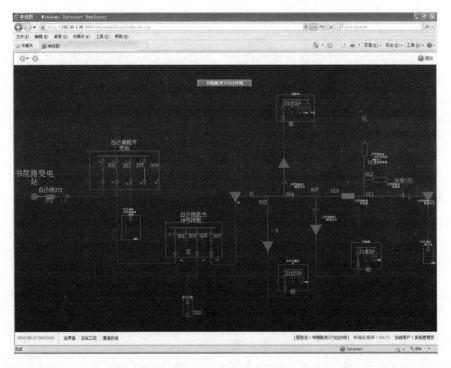

图 5-5　系统 WEB 发布图

1．WEB 网上发布功能测试

测试内容及指标：系统具备支持配电网实时运行状态、历史数据、统计分析结果、故障分析结果等信息的网上发布功能。

测试方法和策略：在系统的 I/II 区与 III 区间配置物理隔离装置，在网络安全 III 区任一节点通过 IE 浏览器查看系统的实时数据，观察数据是否及时可靠。

2. WEB 报表发布

测试内容及指标：能够在 WEB 服务器提供各种报表。

测试方法和策略：

1）在 III 区通过 IE 浏览器查看系统的报表，观察报表是否显示正确；

2）观察显示效果是否与 SCADA 系统人机界面基本一致。

3. WEB 发布权限限制测试

测试内容及指标：系统具备能在 WEB 服务器进行严格的权限限制，限制不同人员的浏览范围，从而保证数据的安全性。

测试方法和策略：以超级管理员登录后，进入 WEB 发布权限配置界面，可以给不同的人员赋予不同的权限。

5.3 配电网 SCADA 功能测试

5.3.1 数据采集与通信测试

通过实时库查看器查看遥测、遥信、遥脉的采集数据；通过告警查看器查看各种告警信息；通过前置监视配置进程进行通信监视数据及前置通道的切换等功能验证；通过人机界面进行图形化数据监视显示。

1. 多种通信和采集方式

测试内容及指标：支持多种通信方式（如光纤、载波、无线等）的信息接入和转发功能，满足配电网实时监控需要。

测试方法和策略：验证配电自动化系统主站可支持有线或无线方式与配电自动化终端或子站通信，实现数据采集和控制命令下发。

2. 多种规约支持

测试内容及指标：系统支持目前常用的标准处理通信规约，并可以扩展。

测试方法和策略：应支持 DL/T 634《远动设备及系统》标准（IEC 60870）的 104、101 通信规约协议。

3. 数据采集

测试内容及指标：

1）模拟量：采集模拟量测试，如一次设备（线路、变压器、母线、开关等）的有功、无功、电流、电压值以及主站变压器挡位（有载调压分节头挡位）等；

2）数字量：采集数字量测试，开关位置、隔离刀闸、接地刀闸位置、保护硬触点状态以及远方控制投退信号等其他各种开关量和多状态；

3）保护、安全稳定自动装置、备用电源自动投入装置等二次设备数据；

4）电网一次设备、二次设备状态信息数据；

5）受控制数据，包括受控设备的量测值、状态信号和闭锁信号等；

6）各类 FTU/DTU/TTU 及子站上传的数据；

7）卫星时钟、周波、直流电源、UPS 或其他计算机系统传送来的数据及人工设定的数据。

测试方法和策略：通过相应的规约接入配电自动化终端或子站，通过保护试验仪上送模拟量数据/数字量数据，也可通过终端模拟工具模拟上送的遥测数据，验证采集数据能否正确上送。通过实时库查看器可查看采集的数据。

4. 广域分布式数据采集

测试内容及指标：支持数据采集应用分布在广域范围内的不同位置，通过统筹协调工作共同完成多区域一体化的数据采集任务并在全系统共享。

测试方法和策略：对分布在广域范围内的不同位置的数据采集进行理论验证。

5. 大数据量采集

测试内容及指标：应能满足大数据量采集的实时响应需要，支持数据采集负载均衡处理。

测试方法和策略：配置多个前置组，每个前置组内的前置节点按通道值班，前置组间相互独立、互不影响。

6. 错误数据检测功能

测试内容及指标：具备错误检测功能，能对接收的数据进行错误条件检查并进行相应处理。

测试方法和策略：

1）通道配置表中对正确帧数和错误帧数进行统计；

2）遥信遥测表的质量码中对错误数据有多种标识，例如可疑、溢出、超值域等。

7. 通信安全

测试内容及指标：数据采集应符合国家电力监管委员会电力二次系统安全防护规定。

测试方法和策略：

1）查看设计文档，从网络架构方面来验证；

2）进行主站与终端的遥控测试，观察遥控报文按照二次系统安全防护的要求增加了安全认证措施；

3）在主站终端采用同样加密算法的情况下，验证遥控功能基本不受影响。

5.3.2 数据处理测试

数据处理应具备模拟量处理、状态量处理、非实测数据处理、点多源处理、数据质量码、平衡率计算、计算及统计等功能。

1. 模拟量处理

测试内容及指标：

1）模拟量有效性，数据过滤；

2）零漂处理功能，且模拟量的零漂参数可设置限值检查功能，并支持不同时段使用不同限值；

3）提供数据变化率的限值检查功能，当模拟量在指定时间段内的变化超过指定阀值时，给出告警；

4）支持人工输入数据；

5）可以自动设置数据质量标签；

6）按用户要求定义并统计某些量的实时最大值、最小值和平均值，以及发生的时间；

7）可支持量测数据变化采样；

8）可进行工程单位转换。

测试方法和策略：

1）利用搭建的联调环境中的终端设备上送实际遥测数据进行测试。完成对模拟量的标尺转换因子、标志转换偏移、变化率计算、延迟告警、时标标识、质量标志标识等处理测试；

2）完成模拟量的日统计、小时统计、数据可用时间、最大值、最小值、最大值时间、最小值时间、不同级别的越限时刻、越限次数、越限时间、最近一次越限信息的标识处理；

3）可通过实时库查看器遥测表查看模拟量数据，打开遥测统计总表查看实时统计信息。

2. 状态量处理

测试内容及指标：

1）状态量用 1 位二进制数表示，1 表示合闸（动作/投入），0 表示分闸（复归/退出）；

2）支持双位遥信处理，对非法状态可做可疑标识；

3）支持误遥信处理，对抖动遥信的状态做可疑标识；

4）支持检修状态处理，对状态为检修的遥信变化不做报警；

5）支持人工设定状态量；

6）所有人工设置的状态量应能自动列表显示，并能调出相应接线图；

7）支持保护信号的动作计时处理，当保护动作后一段时间内未复归，则报超时告警；

8）支持保护信号的动作计次处理，当一段时间内保护动作次数超过限值，则报超次告警。

测试方法和策略：

1）通过表格编辑器配置遥信点，单点/双点、取反标志、告警延迟时间、限值配置；通过实际配电自动化终端或模拟配电自动化终端上送遥信数据，验证系统对遥信的处理是否正确；

2）上送遥信变位信息后，在延迟告警时间内恢复遥信状态，验证是否有相关事项告警；

3）通过实时库查看器打开遥信表查看遥信数据处理情况，通过告警查看器检查告警信息。

3. 非实测数据处理

测试内容及指标：非实测数据可由人工输入也可由计算得到，以质量码标注，并与实测数据具备相同的数据处理功能。

测试方法和策略：

1）通过编辑器在遥测、遥信表中增加虚点（如开关动作次数等计算点），配置该点对应的计算公式，启动公式计算程序；

2）通过实际配电自动化终端或模拟终端环境上送公式中涉及的量测点的值，通过实时库查看器观察系统对虚点的刷新，以及通过告警查看器查看虚点的告警是否正确。

4. 数据质量码处理

测试内容及指标：验证遥测数据在不同状况下的数据质量码是否标识正确。

1）未初始化数据；

2）不合理数据；

3）计算数据；

4）实测数据；

5）采集中断数据；

6）人工数据；

7）坏数据；

8）可疑数据；

9）采集闭锁数据；

10）控制闭锁数据；

11）替代数据；

12）不刷新数据；

13）越限数据。

测试方法和策略：

1）通过实际配电自动化终端或模拟终端环境上送各种数据，并进行人工置数及旁路替代操作，验证系统可以支持以上各种数据质量码是否正确。

2）通过系统人机界面进行人工置数操作，形成人工置数数据。通过实时库查看器查看遥测记录的质量码是否正确。

5．统计计算

测试内容及指标：

1）数值统计：最大值、最小值、平均值、总加值、三相不平衡率，统计时段包括年、月、日、时等；

2）极值统计：极大值、极小值，统计时段包括年、月、日、时等；

3）次数统计：开关变位次数、保护动作次数、遥控次数、馈线故障处理启动次数等；

4）合格率统计：可对电压等用户指定的量进行越限时间、合格率统计（合格率可分时段统计）；

5）负载率统计：实现对任意时间段内线路、配电变压器负载率统计分析；

6）系统运行指标统计：遥控使用率、遥控成功率、遥信动作正确率、配电自动化终端月平均在线率等。

测试方法和策略：

1）通过编辑器在遥测表、遥信表中添加虚点（数据来源为计算）；

2）通过编辑公式表，启动公式计算程序；

3）通过实际配电自动化终端或模拟终端环境上送各类数据（公式中引用的

点），通过实时库查看器查看对应计算点的值计算是否正确。

5.3.3 数据记录与存储测试

在实际的测试联调环境中，由终端产生 SOE 信息，在主站上验证 SOE 的功能。配置历史采集及统计的点，运行历史存储进程，通过曲线报表工具查看历史数据。

1. 事件顺序记录（SOE）

测试内容及指标，SOE 的显示及处理配置：

1）应能以毫秒级精度记录所有电网开关设备、继电保护信号的状态、动作顺序及动作时间，形成动作顺序表；

2）SOE 记录应包括记录时间、动作时间、区域名、事件内容和设备名；

3）应能根据事件类型、线路、设备类型、动作时间等条件对 SOE 记录分类检索、显示和打印输出。

测试方法和策略：

1）通过编辑器打开告警原因表，选择 SOE 信息记录，按照事项类型合理配置处理方式；

2）终端上送 SOE 信息，通过实时告警查看器查看事项是否按要求区分报警和事件、报警态和恢复态，确认和删除操作是否根据配置方式进行；

3）SOE 根据配置定值进行显示，SOE 信息显示正确。

2. 周期采样

测试内容及指标：

1）应能对系统内所有实测数据和非实测数据进行周期采样；

2）支持批量定义采样点及人工选择定义采样点；

3）采样周期可选择。

测试方法和策略：

1）在编辑器的遥测/遥信表中可配置属性列采集统计，以实现数据的周期采样，且采样周期可人工设定；

2）在编辑器的遥测/遥信表中采集统计列可人工选择批量定义采样点。

3. 变化存储

测试内容及指标：

1）应能对系统内所有实测数据和非实测数据进行变化存储；

2）支持批量定义存储点及人工选择定义存储点。

测试方法和策略：遥测/遥信表中的存盘模式配置为变化存储。

5.3.4　终端管理

终端管理主要是对现配电自动化终端的综合智能管理。

1. 终端监视

测试内容及指标：

1）具备终端运行工况监视分析、在线率的实时统计等功能；

2）具备终端通信通道流量统计及异常报警等功能；

测试方法和策略：

1）操作员界面上的终端状态图查看终端的实时状态；操作员界面上的提示栏中实时显示系统的终端在线率；

2）系统实时统计每个通道的上行流量和下行流量，当流量超过阈值以后，产生报警。

2. 后备电源管理

测试内容及指标：应支持终端电源（含蓄电池）远程管理。

测试方法和策略：

1）下发电池活化操作；

2）检查电池活化状态提示；

3）检查后备电源电压的显示值是否正确。

3. 运行统计

测试内容及指标：应支持终端运行工况统计，能正确统计配电自动化终端月停运时间、停运次数。

测试方法和策略：查看终端统计报表，看能否支持终端运行工况统计，能否正确统计配电自动化终端月停运时间、停运次数。

5.3.5　操作与控制测试

在系统人机界面中打开一个图形文件，进行各种控制操作。

1. 闭锁和解锁

测试内容及指标：

1）应提供闭锁功能用于禁止对所选对象进行特定的处理，包括闭锁数据采集、告警处理和远方操作等；

2）闭锁功能和解锁功能应成对提供；

3）所有的闭锁和解锁操作应进行存档记录。

测试方法和策略：

1）由联调测试环境中的终端上送实际的遥测、遥信值，在调度员界面上对模拟量，状态量进行数据封锁和取消封锁操作。观察数据封锁（取消）后实时数据的刷新情况。

2）量测量数据封锁后不再刷新，显示的是封锁的值；取消后恢复实时数据的显示与刷新。

2. 人工置数

测试内容及指标：

1）人工置数的数据类型包括状态量、模拟量、计算量；

2）人工置数的数据应进行有效性检查。

测试方法和策略：

1）由联调测试环境中的终端上送实际的遥测、遥信值，在调度员界面上对模拟量，状态量进行人工置数和取消置入操作。观察人工置数（取消）后实时数据的刷新情况。

2）量测量收到上送数据后，自动取消人工置数，恢复实时数据的显示与刷新。

3. 挂牌操作

测试内容及指标：

1）应提供自定义标识牌功能（锁住、保持分/合闸、警告、接地、检修）；

2）应能通过人机界面对一个对象设置标识牌或清除标识牌，在执行远方控制操作前应先检查对象的标识牌；

3）单个设备应能设置多个标识牌；

4）所有的标识牌操作应进行存档记录，包括时间、厂站、设备名、标识牌类型、操作员身份和注释等内容。

测试方法和策略：

1）通过编辑器在线增加和修改一个牌的定义，保存后，通过实时库查看器查看牌定义是否做了相应的修改。

2）在系统人机界面中打开图形文件，如主接线图，选择设备对象进行挂牌、摘牌操作，验证所挂牌是否能如实的显示。挂牌操作后验证该牌定义的各项功能是否正确。摘牌操作后验证该对象的各项功能是否恢复。

3）配电网拓扑运行后，在系统人机界面中打开一幅馈线图或配电联络图，选择某失电馈线段进行"临时搭接"挂牌跨接到某带电区段，验证挂牌正确且失电馈线段恢复了带电，对某非环网运行带电馈线段挂"临时停电"牌，验证挂牌正确且导致馈线段下游失电。

4）通过实时库查看器打开挂牌标志表，在线对挂牌信息进行查询显示。

4. 远方控制与调节

测试内容及指标：

1）远方控制与调节类型（断路器、隔离开关、负荷开关的分合、投/切远方控制装置；成组控制：可预定义控制序列，实际控制时可按预定义顺序执行或由调度员逐步执行）。

2）控制种类：单设备控制和序列控制。

3）操作方式：单/双席操作，普通/快捷操作。

4）控制流程：选点—返校—执行。

5）选点自动撤销条件（控制对象设置禁止操作标识牌；校验结果不正确；当另一个控制台正在对这个设备进行控制操作时，选点后有效期内未有相应操作）。

6）控制信息传递：对属于其他系统（如调度自动化系统）控制范围内的设备控制操作，本系统能够通过信息交互接口将控制请求向其提交。

7）安全措施：操作必须从具有控制权限的工作站上才能进行；操作员必须有相应的操作权限；双席操作校验时，监护员需确认；操作时每一步应有提示，每一步的结果有相应的响应；操作时应对通道的运行状况进行监视；提供详细的存档信息，所有操作都记录在历史库，包括操作人员姓名、操作对象、操作内容、操作时间、操作结果等，可供调阅和打印。

测试方法和策略：增加联调测试环境中的遥控点，在调度员界面上在权限许可的情况下对该遥控点进行控分，控合操作（分别测试单席，双席监督）。系统应及时显示遥控是否成功完成，并在失败时发出告警信息。控制完成周期可自定义。

5. 防误闭锁

测试内容及指标：

1）常规防误闭锁：支持在数据库中针对每个控制对象预定义遥控操作时的闭锁条件；实际操作时，应按预定义的闭锁条件进行防误校验，校验不通过应禁止操作并提示出错原因。

2）拓扑防误闭锁：不依赖于人工定义，通过网络拓扑分析设备运行状态，约束调度员安全操作；具备开关和接地刀闸操作的防误闭锁功能；具备挂牌闭锁功能。

测试方法和策略：

1）选择试点区域的馈线模型，对某停电的馈线段挂接地牌，尝试合边界开关或刀闸。

2）对带电运行的手拉手馈线，尝试合上联络开关。

3）对带电运行的馈线，尝试分开某分段开关。

4）尝试给各种运行状态的馈线段进行挂接地牌操作。

5.3.6 全息历史/事故反演测试

系统检测到预定义的事故时，应能自动记录事故时刻前后一段时间的所有实时稳态信息，以便事后进行查看、分析和反演。

1. 事故反演的启动和处理

测试内容及指标：

1）应能以保存数据断面及报文的形式存储一定时间范围内所有的实时稳态数据，可反演事故前后系统的实际状态。

2）事故反演既能由预定义的触发事件自动启动，也应支持指定时间范围内的人工启动。触发事件包括设备状态变化、测量值越限、计算值越限、测量值突变。

3）应具备多重事故记录的功能，记录多重事故时，事故追忆的记录存储时间相应顺延。

4）应能指定事故前和事故后追忆的时间段。

测试方法和策略：通过系统人机界面或者馈线自动化历史查询界面可以触发进入反演态，可以反演任意时刻的状态。

2. 事故反演

测试内容及指标：

1）应提供检索事故的界面，并具备在研究态下的事故反演功能。

2）应能通过任意一台工作站进行事故反演，并可以允许多台工作站同时观察事故反演。反演的运行环境相对独立，与实时环境互不干扰。

3）反演时，断面数据应与反演时刻的电网模型及画面相匹配。

4）应能通过专门的反演控制画面，选择已记录的任意时段内电力系统的状态作为反演对象（局部反演）。

5）应能设定反演的速度（快放或慢放），并能暂停正在进行的事故反演。

测试方法和策略：在某一时段设置遥测、遥信数据，终端上送各类报警信息；系统人机界面上点击"反演"进入反演态，并弹出历史反演界面，输入反演时间段，进行历史反演。反演时，根据所选时间段进行数据反演，反演的遥测、遥信、告警都与原始情况一致。

5.3.7 智能告警分析测试

智能告警分析实现告警信息在线综合处理、显示与推理，应支持汇集和处理各类告警信息，对大量告警信息进行分类管理和综合/压缩，利用形象直观的方式提供全面综合的告警提示。

1. 告警信息分类

测试内容及指标：可实现对由同一原因引起的多个告警信息进行合并，主要包括电力系统运行异常告警、二次设备异常告警、网络分析预警三大类。

测试方法和策略：事故跳闸告警，就是开关变位和事故总信号合并的结果。

2. 告警智能推理

测试内容及指标：可实现告警信息的统计和分析，对频繁出现的告警信息（如开关位置抖动、保护信号动作复归等），应提供时间周期（一般取 24h）内重复出现的次数，可给出故障发生的可能原因和准确、及时、简练的告警提示。

测试方法和策略：遥信表中有"一定时间动作次数"和"一定时间动作上限"的配置，可以实现次数类告警。

3. 信息分区监管及分级通告

测试内容及指标：应包括责任区的设置和管理、数据分类的设置和管理，根据责任区以及应用数据的类型进行相应的信息分层分类采集、处理和信息分流等功能；可对配电网事故类型进行分等级定义，在紧急事件发生的情况下，系统可依据信息分级通报的原则采用短信等方式迅速通告。

测试方法和策略：系统支持多种告警分类方式，不同的工作站可以定制实时告警类型的页签；可以选择不同容器进行过滤；并可以根据责任区进行告警分流。系统应支持定制短信告警的类型和人员。

4. 告警智能显示

测试内容及指标：应提供告警等级自定义手段，可以按告警类型、告警对象等多种条件配置；应提供多页面的综合告警智能显示界面，采用多种策略实现自动滤除多余和不必要的告警。

测试方法和策略：告警原因表中可以配置告警优先级，同时遥信表中也可以配置告警优先级。告警原因表中可以配置告警是否显示；实时告警窗口也可以按类型定义页签。

5.3.8 系统时钟和对时测试

通过接入 GPS 或者北斗天文钟对时；通过规约进行对时。

测试内容及指标：

1）系统主站应优先采用北斗天文钟对时，可以支持多种时钟源；

2）对接收的时钟信号的正确性应具有安全保护措施，保证对时安全，并可人工设置系统时间；

3）主站可对终端设备进行对时，并能对终端对时应答情况进行统计分析；

4）应支持 SNTP 等方式对时。

测试方法和策略：在系统中接入 GPS 或北斗天文钟信号源，人为设置节点的时标不一致，然后观察系统各个节点在经过对时后是否一致。

5.3.9　打印测试

系统具备各种信息打印功能，包括定时和召唤打印各种实时和历史报表、批量打印报表、各类电网图形及统计信息打印等功能。

测试内容及指标：测试定时和召唤打印各种实时和历史报表、批量打印报表、各类电网图形及统计信息打印等功能。

测试方法和策略：在各场景下选定部分内容启动打印功能，看是否正确打印，包括字体、内容大小等。

5.4　系统模型/图形管理测试

使用图形编辑器，按照配电自动化系统主站和子站以及终端的联调环境，绘制主接线图、单线图等图形，在绘图过程中，验证系统是否支持图模库一体化建模。

1. 图模库一体化建模测试

测试内容及指标：

1）遵循 IEC61968 和 IEC61970 建模标准，并进行合理扩充，形成配电自动化网络模型描述；

2）支持实时态、研究态和未来态模型统一建模和共享；

3）具备网络拓扑建模校验功能，对拓扑错误能够以图形化的方式提示用户进行拓扑修正；

4）提供网络拓扑管理工具，用户可以更加直观地管理和维护网络模型；

5）支持用户自定义设备图元和间隔模板，支持各类图元带模型属性的拷贝，提高建模效率。

测试方法和策略：

1）选择任一绘图工作站，使用图形编辑器绘制一幅主接线图，选择图上电力设备进行建模；在图形编辑器的模型树中观看建立的设备表是否符合 CIM 模型；进行模型生成操作，验证可以生成电力设备拓扑模型；

2）系统应提供建模参数检查，通过检查工具可以对图形建模进行错误检查以及拓扑修正；

3）可以打开建模工具可进行自定义设备图元；

4）图形建模工具可以创建间隔模板、配电站模板以及厂站模板；

5）图形建模工具可以实现拷贝图形的模型属性。

2. 外部系统信息导入建模测试

测试内容及指标：从电网 GIS 平台导入中压配电网模型，以及从调度自动化系统导入上级电网模型，并实现主配电网的模型拼接。

1）将 GIS 提供的单线图模进行导入到配电自动化系统主站；

2）将 EMS 系统导出的电网完整模型进行 CIM/XML 的导入；

3）将 EMS 系统导出的电网完整模型进行 SVG 的导入。

测试方法和策略：使用模型导入工具导入到系统中，观察提示是否成功导入。在图形编辑器中观察图形是否正确。

3. 全网模型拼接与抽取测试

测试方法和策略：

1）应支持主、配电网模型拼接，主配电网宜以中压母线出线开关为边；

2）支持按区域、厂站、馈线和电压等级模型抽取及查询修改。

测试方法和策略：通过关联设备参数的方法，将站内站外图形关联起来。生成模型后，进入操作员站查看站内站外的拓扑关系是否正确。检查导入的 GIS 单线图模型是否与主网模型相连。

4. 模型校验功能测试

测试内容及指标：能根据电网模型信息及设备连接关系对图模数据进行静态分析。

1）支持按照馈线、变电站方式范围的模型校验；

2）单条馈线拓扑校验，支持孤立设备、电压等级以及设备参数完整性等方面的校验；

3）区域电网拓扑校验，支持区域配电网拓扑电气岛分析、变电站静态供电区域分析、变电站间静态馈线联络分析、联络统计等方面的检验功能；

4）校验结果应支持文字提示，并可在图形进行错误定位。

测试方法和策略：

1）系统应提供"参数检查"功能，可以检查设备参数完整性；

2）系统应提供"不同电压等级导电设备相连分析"功能，进行电压等级方面上的检查；

3）在参数检查错误结果列表里鼠标点击结果记录，可在图形进行定位。

5. 设备异动功能测试

测试内容及指标：应能满足对配电网动态变化管理的需要，反映配电网模型的动态变化过程，提供配电网各态模型的转换、比较、同步和维护功能。

1）多态模型的切换，实时监控操作对应实时态模型，分析研究操作对应研究态模型，设备投退役、计划检修、网架改造对应未来态模型，各态之间可以切换，以满足对现实和未来模型的应用研究需要；

2）支持各态模型之间的转换、比较、同步和维护等；

3）支持多态模型的分区维护统一管理；

4）支持设备投运、未运行、退役设备异动操作，未来图形到现实图形转换及流程确认机制，能够与电网 GIS 平台的异动流程耦合建立一体化的设备异动管理流程。

测试方法和策略：

1）进入系统未来态进行设备维护，如设备投退役、新增设备。

2）在未来态下，加载未来态模型，可以看到系统显示图形所需编辑部分。在系统人机界面中，能够在实时态和未来态下切换，可以进行各态模型比较。

3）在系统图形编辑器中应提供未来态到实时态的转换功能。

4）当使用 GIS 图模导入时，可在系统人机界面中未来态模式下查看刚导入的图模，验证合格后，启动"模型应用功能"实现未来态到实时态的转换。如果模型不合格，可实现图模的回退。

5.5　馈线自动化测试

馈线自动化功能是配电自动化系统的核心功能，直接关系到配电自动化系统的使用效果，在工厂调试阶段一般使用模拟故障信号的方法来测试馈线自动化功能，现场一般采用对实际配电自动化终端注入电流模拟实际故障的方法进行验证，本节侧重于工厂调试阶段测试方法的介绍，现场环节的测试方法请见配电自动化系统联调章节中的相关内容。

1. 故障定位、隔离及非故障区域的恢复

测试内容及指标：

1）支持各种拓扑结构的故障分析，电网的运行方式发生改变对馈线自动化的处理不造成影响；

2）能够根据故障信号快速自动定位故障区段，并调出相应图形以醒目方式显示（如特殊的颜色或闪烁）；

3）根据故障定位结果确定隔离方案，故障隔离方案可自动执行或者经调度员确认执行；

4）在具备多个备用电源的情况下，能根据各个电源点的负载能力，对恢复区域进行拆分恢复供电；

5）事故处理结束后，能给出恢复到事故发生前该馈线运行方式的操作策略；

6）支持含分布式电源的故障处理；

7）支持并发处理多个故障；

8）支持信息不健全情况下的容错故障处理。

测试方法和策略：

1）利用系统人机界面提供的菜单和对话框合理设置馈线故障处理需要的各种参数；

2）选择两条馈线与配电自动化终端配合进行馈线自动化功能测试；其余的利用主站端的仿真程序进行测试；

3）验证在配电自动化终端与厂站 RTU 上报故障检测信号或保护信息、开关变位信息的情况下，主站能够准确进行故障的定位，并形成正确的隔离、恢复方案；

4）在给出故障定位信息后，观察故障馈线的动态着色情况，验证可以特殊显示故障区段；

5）全自动模式下，如存在多种恢复方案，会自动选择馈线负荷最低进行转供操作；

6）在隔离方案中如果存在无法遥控的开关，则给出相关提示信息；

7）在下游恢复方案中，如果联络开关连接的馈线出线开关挂保电牌，则不进行失电区域供电恢复，程序给出相关提示信息。

2. 故障处理安全约束

测试内容及指标：

1）可自动设计非故障区段的恢复供电方案，避免恢复过程导致其他线路、主站变压器等设备过负荷；

2）可灵活设置故障处理闭锁条件，避免保护调试、设备检修等人为操作的影响；

3）故障处理过中应具备必要的安全闭锁措施（如通信故障闭锁、设备状态异常闭锁等），保证故障处理过程不受其他操作干扰；

4）主站馈线自动化功能应支持人工预设、调整、优化处理方案等辅助功能。

测试方法和策略：

1）当转供电路当前电流加上故障区域故障前电流大于转供线路额定电流时，会给出甩负荷转供方案；

2）把某馈线组设置为闭锁模式，当此馈线组上送故障信号，不会启动 fa 计算；

3）当隔离开关处于通信中断时，隔离方案中会有隔离开关执行失败，会执行扩控计算，生成扩控方案。

3. 故障处理控制方式

测试内容及指标：

1）对于不具备遥控条件的设备，系统通过分析采集遥测、遥信数据，判定故障区段，并给出故障隔离和非故障区域的恢复方案，通过人工介入的方式进行故障处理，达到提高处理故障速度的目的；

2）对于具备遥测、遥信、遥控条件的设备，系统在判定出故障区间后，调度员可以选择远方遥控设备的方式进行故障隔离和非故障区域的恢复，或采用系统自动闭环处理的方式进行控制处理；

3）支持以馈线为单位的馈线自动化投退管理功能。

测试方法和策略：分别按手动、半自动、全自动方式进行 FA 功能测试，验证不同方式，FA 功能都能正确执行。

4. 集中式与就地式故障处理功能的配合

测试内容及指标：

1）可依据就地式故障处理投退信号，对主站的集中式馈线故障处理功能进行正确闭锁；

2）就地式故障处理的运行工况异常时，在主站端与终端通信正常的情况下，主站集中式馈线故障处理能够自动接管相应区域的线路故障处理。

测试方法和策略：

1）可依据就地分布式故障处理投退信号，对主站的集中式馈线故障处理功能进行正确闭锁；

2）就地分布式故障处理的运行工况异常时，主站集中式馈线故障处理能够自动接管相应区域的线路故障处理。

5. 故障处理信息查询

测试内容及指标：

1）故障处理的全部过程信息应保存在历史数据库中，以备故障分析时使用；

2）可按故障发生时间、发生区域、受影响客户等方式对故障信息进行检索和统计。

测试方法和策略：进行上述故障处理功能测试时，使用系统人机界面和日志查看器进行观察。

1）故障处理对话框中应可以按照馈线对故障检测信息进行过滤显示；并可以显示所有可能的恢复方案；

2）馈线故障处理过程中的所有信息都能够保存到历史数据库的日志中，并可以使用日志查看器进行查询。

以某典型电缆线路环网柜母线故障分析为例，图5-6中，2号环网柜母线发生故障，配电自动化终端检测故障电流并定位故障，配电自动化系统启动馈线自动化功能，馈线自动化进行故障隔离并完成非故障区域供电，其过程如图 5-7 所示。

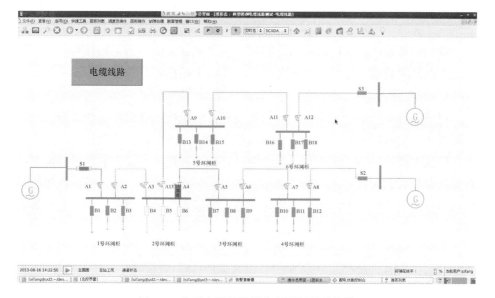

图 5-6 典型电缆线路发生环网柜母线故障

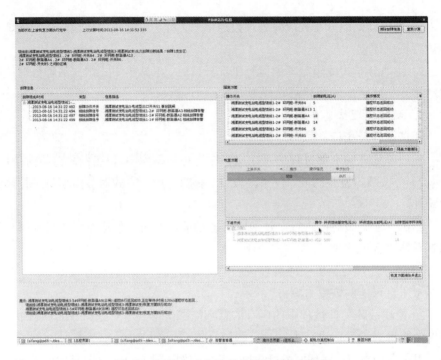

图 5-7   馈线自动化进行故障隔离处理过程

5.6   拓扑分析应用测试

测试拓扑着色的前提是图形绘制好，模型建立正确。启动拓扑程序，通过系统人机界面设置着色模式。配电自动化系统主站拓扑分析图见图 5-8。

1. 拓扑着色

测试内容及指标：配电网运行状态着色；供电范围及供电路径着色；动态电源着色；负荷转供着色；故障区域着色；变电站供电范围着色。

测试方法和策略：在操作员界面中打开配电网图形，并在着色模式配置中对拓扑着色模式进行定义，如不带电、带电、环路、故障、接地等。在操作员界面的着色模式配置窗口中，分别选择电压等级着色、按照带电标志着色等着色模式，验证拓扑着色是否正确。

2. 负荷转供

测试内容及指标：

1）负荷信息统计：

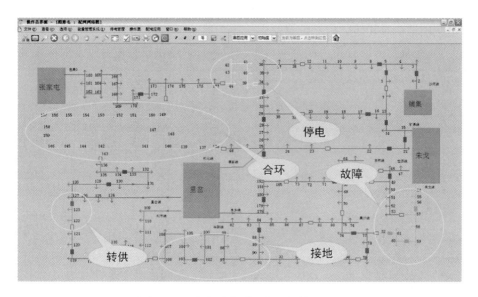

图 5-8　配电自动化系统主站拓扑分析图

a．目标设备设置，包括检修设备、越限设备或停电设备；

b．负荷信息统计，分析目标设备影响到的负荷及负荷设备基本信息。

2）转供策略分析：

a．转供路径搜索，采用拓扑分析的方法，搜索得到所有合理的负荷转供路径；

b．转供容量分析，结合拓扑分析和潮流计算的结果，对转供负荷容量以及转供路径的可转供容量进行分析；

c．转供客户分析，采用拓扑分析方法，对双电源供电客户转供结果进行分析。

3）转供策略模拟：

a．支持模拟条件下的方案生成及展示；

b．模拟运行方式设置；

c．转供方案报告；

d．转供过程展示。

4）转供策略执行：依据转供策略分析的结果，采用自动或人工介入的方式对负荷进行转移，实现消除越限、减少停电时间等目标。

测试方法和策略：

1）启动"执行负荷转供分析"进程；

2）在负荷转供分析界面上查看转供负荷容量，转供用户数目以及详细转供配电变压器信息和转供用户信息；

3）在负荷转供分析界面查看转供路径数目，转供路径电源以及对应负载；

4）在负荷转供分析界面查看转供方案。

3. 停电分析

测试内容及指标：

1）停电信息分类，依据停电来源对停电信息进行分类，包括：故障停电、计划停电、临时停电；

2）停电范围分析，分析结果能够在图形上以醒目方式标识，并采用列表显示停电的区域；

3）停电信息统计，依据停电范围分析的结果，统计停电区域的相关信息，如停电客户数、客户类型、区域信息、丢失负荷容量等；

4）停电信息查询，可按厂站、线路、区域、时间范围等条件对历史停电信息进行过滤和查询；

5）停电信息发布等，可将停电分析的结果通过系统信息交互接口向 95598 系统发送，内容包括停电客户信息、停电时间、停电原因等。

测试方法和策略：

1）启动"停电分析"进程。

2）选择停电类型，进行停电分析。停电类型包括故障停电（挂故障牌），计划停电（挂检修牌），临时停电（无挂牌）。

3）在停电分析页面上停电区域列表查看停电区域信息（以最小停电区域为单位），展示停电区域的供电开关，负荷数目，用户数目以及用户类型。

4）启动"图形显示"功能，在调度员界面的单线图上以闪烁方式追踪显示。再次点击可取消。

5）双击列表记录，弹出停电详细信息对话框，查看停电详细设备，开关，馈线段，配电变压器，用户。

4. 网络拓扑分析

测试内容及指标：

1）适用于任何形式的配电网络接线方式；

2）电气岛分析，分析电网设备的带电状态，按设备的拓扑连接关系和带电状态划分电气岛；

3）电源点分析，分析电网设备的供电路径及供电电源；

4）支持人工设置的运行状态。支持设备挂牌、临时跳接等操作对网络拓扑的影响。支持实时态、研究态、未来态网络模型的拓扑分析。

测试方法和策略：

1）选择系统联调环境中的配电线路组模型，按照实际的试点区域的馈线图进行绘制和修改，运行拓扑模块；

2）检查馈线的供电电源和各点的供电路径、验证拓扑对各种配电网接线都能正确处理；

3）在联调环境中选择一条馈线段挂"断线""跳线"牌，并能给馈线段置上相应标志，验证拓扑状态变化；

4）在实际搭建的主站和子站联调的测试环境中，主站上绘制好系统所需的图形后，分别验证配电网的着色与分析功能。

5.7　系统交互应用测试

依据"源端数据唯一、全局信息共享"原则，配电自动化系统主站通过信息交换总线或专用接口方式与其他应用系统的互联，实现多系统之间的信息共享和功能整合及扩展。由于在工厂调试的环境中难以模拟实际运行系统的交互数据，配电自动化系统的信息交互应用测试一般安排在现场进行，具体测试方法详见配电自动化系统联调章节中的相关内容。

5.8　系统指标测试

5.8.1　节点冗余性测试

为确保配电自动化系统服务器不中断工作，服务器一般配置双节点，即节点冗余。节点冗余性测试主要是针对服务器节点进行的。配电自动化系统主站节点冗余配置见图5-9。

1. 节点启动

测试内容及指标：多服务器依次或同时节点启动。

测试方法和策略：

1）各服务节点依次启动，验证各节点启动是否成功，最先启动的节点为主，其他节点为备。验证各节点的实时数据是否一致。

2）各服务节点同时启动，验证各节点是否启动成功，启动完成后，是否存在一个主节点，其他节点为备节点。验证各节点的实时数据是否一致。

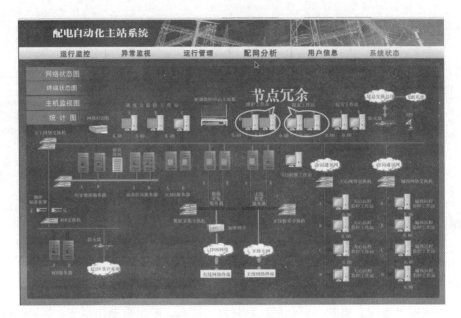

图 5-9　配电自动化系统主站节点冗余配置

3）启动其他工作站节点，验证启动是否成功，该节点上的实时数据是否与主服务节点一致。

2. 主节点退出

测试内容及指标：主服务节点退出的情况下，备用节点升为主节点。

测试方法和策略：

1）拔掉主节点的网线，验证备用节点之一是否上升为主节点，其他节点仍为备用节点；

2）退出主节点的程序，验证其他备用节点之一是否上升为主节点，其他节点仍为备用节点。

3. 备用节点退出

测试内容及指标：备用节点退出的情况下，其他节点的主备关系不变。

测试方法和策略：

1）任选一备用节点退出程序，观察其他节点的情况，主备关系是否保持不变；

2）任选一备用节点，拔掉该节点的网线，观察其他节点的情况，主备关系是否保持不变。

4. 故障节点恢复

测试内容及指标：重新启动已经退出的节点，启动完成后为备用节点。

测试方法和策略：

1）选择任一已经退出的节点，重新启动，验证启动完成后，是否为备用节点；

2）选一个网络中断的节点，恢复其网络，验证网络恢复后，节点是否为备用节点。

5.8.2 网络冗余性测试

为确保配电自动化系统主站的网络通信不中断，系统需进行双网络配置，即网络冗余配置。如图 5-10 所示。

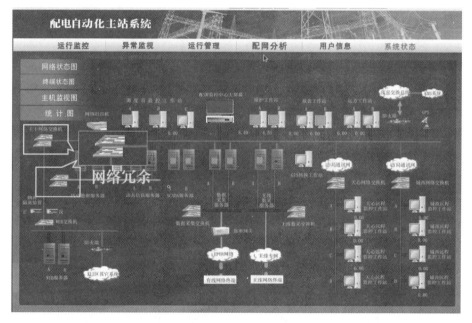

图 5-10　配电自动化系统主站网络冗余配置

1. 双网同时运行

测试内容及指标：双网同时运行的情况下，验证系统通信功能是否正确。

测试方法和策略：

1）在双网络运行正常的情况下，从终端上送各种数据：遥测、遥信、保护告警、保护事件等，验证这些信息各节点是否能正确接收；

2）从任一节点的调度员操作站进行遥控操作，验证遥控是否正确进行。

2. 单节点单网故障

测试内容及指标：单节点单网故障情况下，该节点的通信功能正常。

测试方法和策略：选择任一节点，拔掉该节点的一个网线，验证该节点的通信功能是否正常。节点单网故障情况下，依然能正确接收各种数据和信息。从该节点的调度员操作站进行遥控操作，验证遥控是否正确进行。

3. 交换机故障

测试内容及指标：一台交换机出现故障的情况下，系统各节点的功能依然正常。

测试方法和策略：在两台交换机同时运行的情况下，关闭其中一台交换机的电源，验证系统各节点的功能是否正常。只有在单交换机运行的情况下，终端上送的各类数据能正确上送到主站，从任一节点的调度员操作站进行遥控操作，遥控可正确进行。

4. 网络故障恢复

测试内容及指标：网络故障恢复后，不影响系统的正常运行。

测试方法和策略：故障网络恢复后，对应节点的通信功能不受影响。

5.8.3 进程冗余性测试

进程冗余性测试是针对主、备进程之间的冗余性能开展测试。

1. 前置进程冗余测试

测试内容及指标：退出任一节点的前置进程或重新启动前置通信进程，系统通信不受影响。

测试方法和策略：

1）退出任一节点的前置通信程序或重新启动在第一步停止的前置通信进程；

2）终端上送各类数据，验证各节点是否正确接收这些数据；

3）从任一操作员站下发遥控命令，验证是否可以正确下发到终端。

2. 历史服务进程冗余测试

测试内容及指标：两个主备历史服务进程同时启动的情况下，退出主进程，验证备进程是否升为主进程；检查故障历史进程恢复。

测试方法和策略：

1）退出主历史存储进程；

2）验证备用历史进程是否升为主进程；

3）验证主备切换过程中历史数据是否正确存储（通过历史告警查看）；

4）恢复第一步退出的历史存储进程；

5）验证该进程启动后是否为备用进程；

6）验证历史数据是否正确存储（通过历史告警查看）。

3. 增量进程冗余测试

测试内容及指标：两个主备增量进程同时启动的情况下，退出主进程，验证备进程是否升为主进程；检查故障增量进程恢复运行。

测试方法和策略：

1）退出主增量进程；

2）验证备用增量进程是否升为主进程；

3）在任一节点进行数据编辑操作，通过编辑参数表，保存后是否增量到实时库；

4）重新启动第一步退出的增量进程，进程启动完成后为备用进程；

5）在任一节点进行数据编辑操作，通过编辑参数表，保存后是否增量到实时库。

4. 公式计算进程冗余测试

测试内容及指标：两个主备公式计算进程同时启动的情况下，退出主进程，验证备进程是否升为主进程。

测试方法和策略：

1）退出主公式计算进程；

2）验证备用进程是否升为主进程；

3）通过实时库查看器查看计算的点（已经关联计算公式的点），是否继续根据计算结果进行刷新。

5. 网络拓扑进程冗余测试

测试内容及指标：两个主备拓扑进程同时启动的情况下，退出主进程，验证备进程是否升为主进程。

测试方法和策略：

1）退出主网络拓扑进程；

2）验证备用进程是否升为主进程；

3）通过系统人机界面打开主接线图，通过人工置数的方式开、合部分开关、隔离开关的状态，确认网络拓扑功能是否正确。

5.8.4 电源冗余性测试

电源冗余测试主要是针对节点主机的双电源进行测试。

测试内容及指标：设备电源故障切换以及网络切换必须无间断，对系统无干扰。

测试方法和策略：关闭服务节点的任意一路电源，检查能否实现电源的无缝切换。

5.8.5　冷备切换时间测试

冷备用状态下节点切换时间的测试。

测试内容及指标：冷备用节点接替主服务节点的切换时间小于 5min。

测试方法和策略：手动启动备用节点的网络平台，将该节点切换为主节点，查看系统日志，通过日志中记录的时标相减来得到切换时间，连续作 5 次，计算平均时间，验证切换时间是否符合要求。

5.8.6　热备切换时间测试

系统热备切换时间的统计可以通过以下三种方式取得：

1）打开系统日志统计工具，观察服务器进行切换或者交换机以及节点切换产生的日志，由于所有日志都带有时标，通过日志中的时标相减即可得到所需要的时间；

2）通过报警查看器查看系统切换所产生的报警信息，报警信息前也带有时标，通过时标相减也可以得到切换所需要的时间；

3）对于切换精度要求不是很高的时间统计，可以采用掐秒表的方式来粗略验证系统切换的时间。

1.　节点切换时间测试

测试内容及指标：冗余配置节点手动切换，手动切换无缝，自动切换时间小于 20s。

测试方法和策略：

1）系统人机界面中打开网络状态图，选择备用服务节点，通过右键菜单手动切换到主节点，验证是否马上切换。

2）冗余配置节点自动切换：退出主节点，备用节点上升为主节点后，通过系统日志查看器查看日志，通过日志中记录的时标相减来得到切换时间，连续作 5 次，计算平均时间，验证切换时间是否符合要求。

2.　前置服务器切换时间测试

测试内容及指标：手动切换无缝，自动切换，切换时间小于 10s。

测试方法和策略：

1）系统人机界面中打开通道状态图，选择备用前置节点，通过右键菜单手动切换到主前置，验证是否马上切换。

2）退出主前置节点的前置进程，当备用前置上升为主前置后，打开系统日志统计工具，观察换产生的日志，通过日志中的时标相减即可得到所需要的时间。连续作 5 次，计算平均时间，验证切换时间是否符合要求。

3. 历史服务器切换时间测试

测试内容及指标：历史服务进程主备自动切换，切换时间小于 10s。

测试方法和策略：退出主历史服务器节点的历史进程，当备用历史服务器上升为主历史服务器，打开系统日志统计工具，观察换产生的日志，通过日志中的时标相减即可得到所需要的时间。连续作 5 次，计算平均时间，验证切换时间是否符合要求。

4. 网络切换时间

测试内容及指标：一台交换机故障小于 5s。

测试方法和策略：打开系统日志统计工具，关闭交换机电源，使交换机从系统中退出运行，观察换产生的日志，通过日志中的时标相减即可得到所需要的时间。连续作 5 次，计算平均时间，验证切换时间是否符合要求。

5.8.7　一致性测试

一致性测试主要包括参数库与实时库数据一致性；各节点实时数据一致性。因为该系统使用的是磁盘阵列，即只存在一个参数库、一个历史库，因此不进行数据库一致性测试。

1. 实时数据一致性测试

测试内容及指标：各节点实时数据一致性。

测试方法和策略：终端上送各类数据，遥信、遥测、告警；观察各节点实时库查看器查看遥测、遥信数据是否一致，通过实时告警查看器查看各节点的实时告警信息是否一致。

2. 画面一致性测试

测试内容及指标：在任一节点编辑图形文件，保存后各节点的画面一致性。

测试方法和策略：任选一个节点，通过系统图形编辑器编辑一个图形文件，保存后，在本节点通过系统人机界面打开该图形文件，验证是否做相应修改；其他节点通过系统人机界面打开该图形文件，验证图形文件是否做相应修改。其他节点通过系统图形编辑器打开该图形文件，验证图形文件是否做相应修改。

5.8.8　可靠性测试

可靠性测试包括系统可靠性及数据库可靠性测试。

1. 系统可靠性测试

测试内容及指标：系统 3×24h 测试。

测试方法和策略：系统连续运行 3×24h，统计发生故障退出的时间。

2. 数据库可靠性测试

测试内容及指标：数据库 3×24h 测试。

测试方法和策略：数据库连续运行 3×24h，统计数据库发生故障或者重连的时间，并且统计和估算系统在大容量下历史数据的增长规模。

5.8.9　完整性测试

测试节点、进程、网络切换后，数据的完整性。

1. 节点切换下的完整性测试

测试内容及指标：节点切换下告警和历史数据的完整性。

测试方法和策略：定时、定量产生历史和告警数据，观察系统在切换过程中数据不丢失。

2. 通道切换下的完整性测试

测试内容及指标：通道切换下告警和历史数据的完整性。

测试方法和策略：定时、定量产生历史和告警数据，观察系统在切换过程中数据不丢失。

3. 进程切换过程后的完整性测试

测试内容及指标：进程切换过程后告警和历史数据的完整性。

测试方法和策略：定时、定量产生历史和告警数据，观察系统在切换过程中数据不丢失。

4. 网络切换后的完整性测试

测试内容及指标：网络切换后，告警数据和历史数据的完整性。

测试方法和策略：定时、定量产生历史和告警数据，观察系统在切换过程中数据不丢失。

5.8.10　计算机资源负载率测试

采用资源统计工具，统计系统占用的资源，观察资源占用率是否符合设计要求。系统 CPU 的平均负荷率统计可以由以下几种方式获得：

1）可以用操作系统自带的性能统计工具来得到；

2）使用专用软件来取得机器的 CPU 时间信息；

3）也可以通过专用测试工具如 TIVOLI 等进行测试。

配电自动化系统主站资源负载率测试见图 5-11。

1. CPU 平均负载率测试

测试内容及指标：CPU 平均负载率（任意 5min 内）不大于 40%。

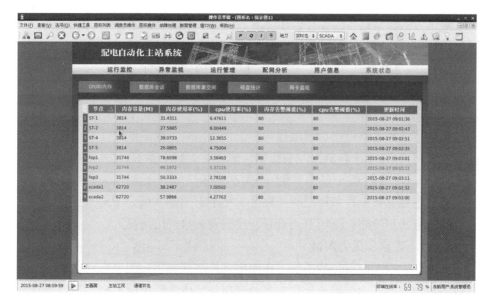

图 5-11　配电自动化系统主站资源负载率测试图

测试方法和策略：在实时运行状态下，分别记录服务器和工作站节点任意 5min 内的 CPU 负荷，验证是否满足要求。

2. SCADA/前置服务器 10sCPU 平均负荷率测试

测试内容及指标：SCADA/前置服务器 10sCPU 平均负荷率；电网正常不大于 30%，电网事故不大于 40%。

测试方法和策略：

1）在电网正常的状态下记录 SCADA/前置服务器 10s 时长的 CPU 负荷，计算平均值，连续作 5 次，计算平均负荷率，验证是否符合要求；

2）在电网事故的状态下记录 SCADA/前置服务器的 CPU 负荷，计算平均值，连续作 5 次，计算平均负荷率，验证是否符合要求。

3. 历史数据服务器 10sCPU 平均负荷率测试

测试内容及指标：历史数据库服务器 10sCPU 平均负荷率不大于 35%。

测试方法和策略：在实时运行状态下记录历史数据库服务器 10s 时长的 CPU 负荷，计算平均值，连续作 5 次，计算平均负荷率，验证是否符合要求。

4. 工作站 10s 内 CPU 平均负荷率测试

测试内容及指标：工作站 10s 内 CPU 平均负荷率不大于 35%。

测试方法和策略：在实时运行状态下记录工作站 10s 时长的 CPU 负荷，计算平均值，连续作 5 次，计算平均负荷率，验证是否符合要求。

5. 网络负载测试

测试内容及指标：检查 1 号网任意 5min 内的平均负载率和 2 号网任意 5min 内的平均负载率。

测试方法和策略：在实时运行状态下使用网络负载测试软件分别记录 1 号网和 2 号网任意 5min 内的平均负载率，验证是否满足要求。

6. 备用空间测试

测试内容及指标：备用空间（根区）不小于 20%（或是 10G）。

测试方法和策略：调用节点查看程序查看磁盘占用情况。

5.8.11 雪崩和压力测试

配电网事故由电网事故引起。在配电网事故状态下，配电自动化系统主站负载率的测试条件为采集及处理由事故变电站供电的配电网雪崩数据、非事故厂站供电的配电网正常数据，以及各种正常的系统操作。

电网事故所导致的配电网雪崩数据可按在本辖区电网发生可能的最严重事故时，各事故范围内配电自动化终端同时产生的多个状态变位以及全部遥测数据均持续越出阈值计算，以 10s 为单位进行测试，非事故范围内配电自动化终端的正常数据采集应包含状态变位，测试持续时间为 30min。

配电网事故参照状态为：

1）2 个 220kV 变电站的 110kV 母线失压，其周围的 20 个 110kV 变电站受牵连，由上述 20 个 110kV 变电站供电的配电网处于不稳定运行状态；

2）在暴风/雷雨天气下，2 个 220kV 变电站、20 个 110kV 变电站受到冲击，由上述 20 个 110kV 变电站供电的配电网处于不稳定运行状态；

3）或在整个辖内配电网内相当于以上两点的变化。

由此确定 10s 内产生的雪崩数据为：遥测变化、越限 5000 条，遥信变位 10000 条。在测试过程中统计系统在雪崩情况下的 CPU 负载率、网络的负载率等同时验证和统计增量、公式计算、报警、拓扑进程的瓶颈。

1. 雪崩情况下基本功能和画面测试

测试内容及指标：在雪崩情况下检查配电自动化系统主站的基本功能及画面是否正常。

测试方法和策略：使用模拟软件产生雪崩，在雪崩情况下检查配电自动化系统主站的基本功能及画面是否正常；验证遥信变位事件无丢失，报警可浏览。

2. 雪崩情况下服务器 CPU 负荷测试

测试内容及指标：在雪崩下服务器 10sCPU 平均负荷率。

测试方法和策略：使用模拟软件产生雪崩，记录服务器 10s 时长的 CPU 负荷，计算平均值，连续作 5 次，计算平均负荷率。

3. 雪崩情况下工作站 CPU 负荷测试

测试内容及指标：在雪崩条件下工作站 10sCPU 平均负荷率。

测试方法和策略：使用模拟软件产生雪崩，记录工作站 10s 时长的 CPU 负荷，计算平均值，连续作 5 次，计算平均负荷率。

4. 历史采集和统计进程的资源占用率测试

测试内容及指标：在雪崩条件下历史采集和统计进程的资源占用率。

测试方法和策略：使用模拟软件产生雪崩，记录历史采集和统计进程的 CPU 负荷和内存使用，连续作 5 次，计算平均负荷率。

5. 增量进程的资源占用率测试

测试内容及指标：在雪崩条件下逐渐增加需要增量的数据记录数，验证增量进程的资源占用率。

测试方法和策略：使用模拟软件产生雪崩，记录增量进程的 CPU 负荷和内存使用，连续作 5 次，计算平均负荷率。

6. 公式计算的资源占用测试

测试内容及指标：验证公式计算的资源占用。

测试方法和策略：使用模拟软件产生雪崩，记录公式计算进程的 CPU 负荷和内存使用，连续作 5 次，计算平均负荷率。

7. 报警进程的资源占用率测试

测试内容及指标：在雪崩条件下报警进程的资源占用率。

测试方法和策略：使用模拟软件产生雪崩，记录报警进程的 CPU 负荷和内存使用，连续作 5 次，计算平均负荷率。

8. 拓扑进程的资源占用率测试

测试内容及指标：在雪崩条件下拓扑进程的资源占用率。

测试方法和策略：使用模拟软件产生雪崩，记录拓扑进程的 CPU 负荷和内存使用，连续作 5 次，计算平均负荷率。

5.8.12 单网测试与黑启动测试

单机单网状态下功能完整性及黑启动测试。

1. 单机单网测试

测试内容及指标：系统在"单机单网"的极限事故状态下功能的完整性和正确性。

测试方法和策略：逐步将两台历史服务器和一台SCADA/前置服务器关机，再关一台主网交换机。由一台SCADA/前置服务器承担服务，测试系统在"单机单网"的极限事故状态下功能的完整性和正确性。

2. 黑启动测试

测试内容及指标：开机至基本功能正常运行时的时间。

测试方法和策略：将系统所有服务器和网络设备关机，先启动一台SCADA/前置服务器和两台主网交换机，记录从开机至基本功能正常运行的时间，作为系统最小运行方式黑启动时间。测试时，将终端模拟环境接入配电自动化系统主站，检查启动过程中系统是否发出错误命令。

5.8.13　I、III区数据同步测试

I、III区数据同步时间测试用于验证配电自动化系统主站I、III区数据时间同步的性能是否满足相关技术规范的要求，测试系统主站数据穿越正、反向物理隔离装置实现数据同步的功能和性能。I、III区数据同步测试拓扑图见图5-12。

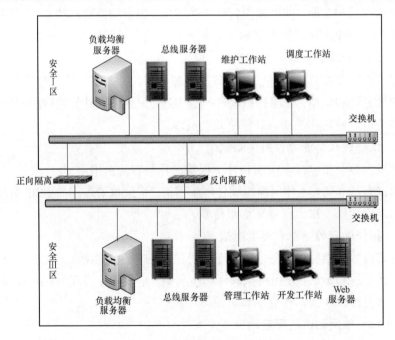

图5-12　I、III区数据同步测试拓扑图

1. 正向同步时间测试

测试内容及指标：信息跨越正向物理隔离时的数据传输时延小于 3s。

测试方法和策略：接入正向物理隔离装置，验证数据传输延时，通过系统消息时标相减来验证。连续作 5 次，计算平均时间，验证传输时延是否符合要求。

2. 反向同步时间测试

测试内容及指标：信息跨越反向物理隔离时的数据传输时延小于 20s。

测试方法和策略：接入反向物理隔离装置，验证数据传输延时，通过系统消息时标相减来得到。连续作 5 次，计算平均时间，验证传输时延是否符合要求。

5.8.14 正反向隔离装置时延测试

测试内容及指标：对于采用无线公网通信方式接入的配电自动化终端设备进行无线网络接入测试，同时测试数据经无线网络到数据采集服务器和穿越反向物理隔离装置到配电自动化系统主站Ⅰ区系统的准确性和实时性。无线公网通信时延测试见图 5-13。

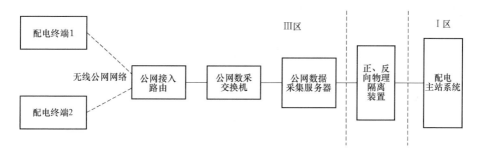

图 5-13　无线公网通信时延测试

测试方法和策略：配电自动化终端通过无线公网接入公网数据采集服务器，并穿越反向物理隔离装置，验证数据传输延时，通过系统消息时标相减来得到。连续作 5 次，计算平均时间，验证传输时延是否符合要求。

5.9　功能指标测试

对于容量部分的验证，可以通过脚本在数据库中生成相应规模的数据，然后运行系统进行逐条验证。在测试时采用实际的 FTU 和 DTU，在终端上模拟故障，在主站端查看故障处理时间，验证故障处理时间是否满足要求。上述各项时间的统计也可以通过以下四种方式取得：

1）打开系统日志统计工具；

2）通过报警查看器查看；

3）对于精度要求不是很高的时间统计，我们也可以采用掐秒表的方式来粗略统计；

4）对于遥控或者FA的测试可以在实际配电自动化终端或终端模拟环境上输出时标，然后和主站上的时标进行相减，取得遥控或者遥信所传输的时间；

1. 接入容量测试

测试内容及指标：可接入实时数据容量不小于300000。

测试方法和策略：通过脚本在数据库中生成相应规模的数据，运行系统，查看是否运行正常，若正常则持续运行几天，查看系统是否运行正常。

2. 接入终端数量测试

测试内容及指标：可接入终端数不小于2000。

测试方法和策略：通过脚本在数据库中生成相应规模的数据，运行系统，查看是否运行正常，若正常则持续运行几天，查看系统是否运行正常。

3. 接入控制量测试

测试内容及指标：可接入控制量不小于6000。

测试方法和策略：通过脚本在数据库中生成相应规模的数据，运行系统，查看是否运行正常，若正常则持续运行几天，查看系统是否运行正常。

4. 实时数据更新时延测试

测试内容及指标：实时数据变化更新时延不大于1s。

测试方法和策略：采用实际的FTU和DTU，在终端上模拟故障，在主站端查看实时数据变化时间，验证实时数据变化是否满足要求。连续作5次，计算平均时间，验证是否符合要求。

5. 遥控输出时延测试

测试内容及指标：主站遥控输出时延不大于2s。

测试方法和策略：检查遥控输出到前置的时间，连续作5次，计算平均时间，验证是否符合要求。

6. SOE时标精度测试

测试内容及指标：SOE等终端事项信息时标精度不大于1ms。

测试方法和策略：触发SOE事项，检查SOE精度。

7. 历史数据保存周期测试

测试内容及指标：历史数据保存周期不大于 2 年。

测试方法和策略：按照当前数据库中存盘点数存储一天数据，查看历史库占用空间，按照最终容量，推算第 2 年需用空间。

8. 画面调用响应时间测试

测试内容及指标：85%画面调用响应时间不大于 3s。

测试方法和策略：在调度员站上，通过系统人机界面打开一个图形文件，记录图形打开时间。

9. 推图画面响应时间测试

测试内容及指标：事故推画面响应时间不大于 10s。

测试方法和策略：人工进行故障设置，测试系统主站的推图画面出现时间。

10. 拓扑着色时延测试

测试内容及指标：单次网络拓扑着色时延不大于 5s。

测试方法和策略：进行人工置数或开关变位模拟操作，验证拓扑变化不大于 5s。

11. 馈线故障并发处理数量测试

测试内容及指标：系统并发处理馈线故障个数不小于 20 个。

测试方法和策略：在 1min 内模拟 20 条馈线发生故障，验证系统可以正确定位，在全自动模式下可以正确处理。

12. 馈线故障处理时间测试

测试内容及指标：单个馈线故障处理耗时（不含系统通信时间）不大于 5s。

测试方法和策略：馈线单个开关故障信息上送，模拟某条故障诊断开始时间值形成隔离方案的时间，验证定位时间小于 5s 看系统日志获取时间。

13. 故障区域自动隔离时间测试

测试内容及指标：馈线自动化实现故障区域自动隔离时间小于 1min。

测试方法和策略：将 FA 设为半自动或全自动模式，进行故障模拟测试，验证自动隔离时间，并查看系统日志，验证是否满足要求。

14. 非故障区域自动恢复供电时间测试

测试内容及指标：全自动方式下，馈线自动化实现非故障区域自动恢复供电时间小于 2min。

测试方法和策略：将 FA 设为全自动模式，模拟馈线故障，验证恢复时间，并查看系统日志，验证是否满足要求。

15. 数据传输时延测试

测试内容及指标：数据采集服务器与 SCADA 服务器、应用工作站之间的数据传输时延小于 1s。

测试方法和策略：在实际配电自动化终端或终端模拟环境模拟遥信变位，分别在前置收发缓冲区、SCADA 实时库、图形画面上监视相应信息，验证时差是否满足要求。

5.10　配电自动化系统主站、终端安全防护功能测试

配电自动化系统是配电网调度实时监控中低压配电网的重要系统，位于生产控制大区中的控制区（Ⅰ区），随着中低压配电网快速发展，有些不具备光纤通信条件的中低压配电网采用了公网通信方式（GPRS/CDMA/TD-SCDMA/230MHz 等）传输控制指令，致使系统面临来自公共网络攻击的风险，影响对用户的安全可靠供电，同时存在通过子站终端入侵主站，造成更大范围的安全威胁。为了保障电网安全稳定运行，配电自动化系统都按照电监会相关文件要求采用了基于非对称密钥技术的单向认证措施实现了远方控制命令的有效鉴别及加密传输。本节重点介绍一下配电自动化系统主站与终端之间的加密遥控的测试步骤。配电自动化系统主站、终端安全防护功能测试见图 5-14。

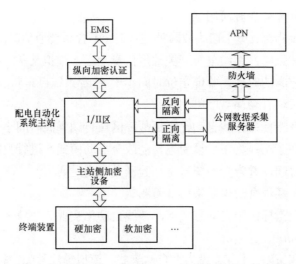

图 5-14　配电自动化系统主站、终端安全防护功能测试

安全防护功能测试平台构成：配电自动化系统主站、加密机一台、带安全防护功能的 DTU、FTU 各一台。

1. 公钥配置

测试内容及指标：主站公钥配置功能。

测试方法和策略：从主站密码机获取主站的公钥，然后分别将公钥配置到终端中。

2. 公钥验证测试

测试内容及指标：测试公钥验证功能是否正常执行。

测试方法和策略：在主站和终端建立连接后，选择密钥，由主站发起公钥验证操作，测试公钥验证功能是否正常执行。

3. 加密遥控

测试内容及指标：遥控功能测试。

测试方法和策略：公钥验证通过之后，选择第一套密钥，由主站发起遥控选择、遥控执行命令，测试遥控命令执行是否正常。

4. 公钥更新功能测试

测试内容及指标：主站的公钥更新功能。

测试方法和策略：在遥控功能测试通过之后，进行公钥更新操作，检查公钥是否被更新。

5. 公钥更新后加密遥控

测试内容及指标：公钥更新后遥控功能测试。

测试方法和策略：公钥更新成功后，首先，选择新更新的密钥，由主站发起遥控选择、遥控执行命令，测试遥控命令执行是否正常。

配电自动化终端调试

配电自动化终端经过型式试验、入网检测试验、出厂例行试验，能够对配电自动化终端的电磁兼容性能、高低温性能、湿热性能等相关性能进行验证，同时也能够对通信规约的兼容性进行测试。在配电自动化终端设备发货到供电公司后，重点对配电自动化终端与一次设备、通信设备的接口，保护定值、IP地址等相关配置参数开展测试，并核对配电自动化系统主站信息点表正确性。

6.1 配电自动化终端调试模式及组织

配电自动化终端安装现场环境恶劣，若在现场安装再进行调试，将面临现场设备数量大、分散面广、现场环境差、无法提供调试电源等问题，将导致现场调试效率低、建设区域用户停电时间长等，影响供电可靠性。为解决上述问题，先将配电自动化终端、通信设备和一次设备集中开展调试，解决终端问题及相关参数整定后，再进行现场安装及联调。配电自动化终端仓库集中调试见图 6-1。

图 6-1　配电自动化终端仓库集中调试

按照配电自动化建设的特点，一般情况下，配电自动化主站的安装调试较之配电自动化终端的集中调试时间提前。也就是在配电自动化终端发货之前，配电自动化主站已经完成了现场的安装调试，具备终端接入条件。此时，可将配电自动化终端通过通信设备直接接入配电自动化主站。在集中调试阶段即可结合一次设备开展配电自动化终端设备单体调试，调试时配电自动化终端输入最终的设备保护定值、IP地址、自动化信息点，测试采用直接接入实际配电自动化系统主站完成调试。配电自动化终端调试示意图如图 6-2 所示。

图 6-2 配电自动化终端调试示意图

组织方式：对于建设阶段，建议由建设部门牵头，组织配电网调度、配电业务室（运检工区）、信通公司、安装调试单位等各单位部门开展配电自动化调试工作。具体职责分工及人员安排建议如表 6-1。

表 6-1 职责分工及人员安排表

序号	部门	职 责 分 工	人员安排
1	建设部门	（1）对配电自动化建设、调试等工作进行总体协调； （2）对调试过程中发现的问题进行协调及解决	建议配置 1 人及以上进行协调
2	调试单位	（1）负责组织开展静态调试工作； （2）完成与一次设备接口的调试的现场操作； （3）负责对现场配电自动化终端加量； （4）完成与配电自动化系统主站调控人员三遥信息点的核对	建议 2 人一组；具体小组数量以实际情况为准
3	配电网调控人员	（1）负责配电自动化系统主站三遥信息核对工作； （2）负责对调试质量进行把关，确保同步调试、同步验收	主站 2 人及以上
	配调方式人员	负责完成配电自动化终端的保护定值计算及定值单下发	建议配置 1 人及以上

163

序号	部门	职 责 分 工	人员安排
3	配调自动化人员	负责在配电自动化系统主站中配电自动化终端信息点的建立，配电自动化系统主站相关参数的配置	自动化人员 2 人以上
4	配电网运检业务室	（1）PMS2.0 中配电自动化终端台账新建工作； （2）PMS2.0 中 GIS 模块的专题图工作； （3）负责工程调试、参与后期自动化人员的培训工作	根据实际情况配置
5	信通公司	（1）完成配电自动化系统主站信息交换总线端口开通； （2）完成通信系统的 VLAN 划分、IP 地址规划等工作； （3）负责调试过程中配电自动化通信的问题解决及协调	建议 1 人一组；具体小组数量以实际情况为准

6.2　配电自动化终端调试条件

配电自动化设备集中静态调试需满足下列条件：

（1）配电自动化终端设备和一次设备已经发至集中调试场地，开关具备操作条件；

（2）可以用调试电脑模拟配电自动化系统主站或实际配电自动化系统主站进行信息点表的检查；

（3）终端装置试验所需要的电源已经具备条件；

（4）终端设备已经完成接线，设备完好，蓄电池已经经过一段时间充电操作；

（5）试验仪器完好。

6.3　配电自动化终端调试内容及方法

6.3.1　配电自动化终端调试主要项目

为保证在配电自动化建设中选用的产品功能齐全、性能优越、耐用可靠，规范配电自动化终端设备安全、稳定和可靠地接入配电自动化系统主站，满足系统安全稳定运行的需要，在设备招标选型、到货抽检和现场调试阶段均要求对各类配电自动化终端进行相应的功能、性能和通信规约的检测。配电自动化终端设备的调试主要是针对配电自动化终端本体、电源系统、通信规约以及一、二次设备接口等功能和性能的进行检验，并根据不同的终端类型（DTU、FTU、TTU、故障指示器等）制定对应的调试项目。

配电自动化终端设备调试的主要内容包括：通信接口和通信规约、交流模拟量采集、直流模拟量采集、遥信量输入、遥控输出、电源及功耗、设备本体外观绝缘、一二次设备接口测试等，如图 6-3 所示。

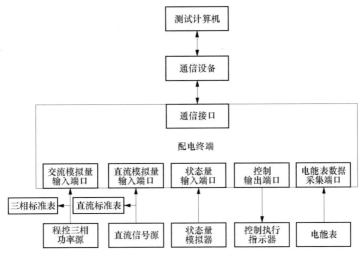

图 6-3　配电自动化终端调试内容

1. 外观部分及机械部分检查

（1）基本资料。检查配电自动化终端装置铭牌和出厂资料、合格证、出厂检验报告项目内容齐全，装置型号、装置配置、额定参数与设计相同，装置内部配线与图纸一致。

（2）外观检查。目测检查配电自动化终端有无明显的凹凸痕、划伤、裂缝和毛刺，镀层不应脱落，标牌文字、符号应清晰、耐久；检查配电自动化终端装置各部件固定良好，无松动现象，装置外形应端正，无明显损坏及变形。

（3）保护接地。目测检查配电自动化终端是否具有独立的保护接地端子，并与外壳牢固连接。接地螺栓的直径应满足相关要求。

（4）插件检查。检查终端插件上所有元器件的外观质量、焊接质量应良好，所有芯片应插紧，芯片位置放置正确。各插件应插拔灵活，各插件和插座之间定位良好，插入深度合适。

（5）二次端子排检查。检查配电自动化终端装置的二次接线端子排或者航空插头，不允许有松动情况。二次柜内、端子排的接地端子的接地线连接牢固，与接地网接触牢靠，确认装置可靠安全接地。端子排、线号标识及二次柜内各器件标号应清晰正确，并与图纸一致。

（6）TA/TV 回路检查。检查终端二次电流回路电阻值，确保 TA 回路不能开路，TV 回路不能短路。

（7）人机接口检查。转换开关、连接片、按钮、键盘等相应操作灵活。

（8）卫生状况检查。检查各部件应清洁、干净。

2．绝缘测试

检查终端所有开入回路、开出回路、交流输入回路及电源回路对地的绝缘，以及各个无电气连接的回路之间的绝缘，绝缘电阻应该满足相关要求。

3．装置电源的试验

（1）装置电源的自启动性能试验。直流电源缓慢上升时的自启动性能检验。合上配电自动化终端装置电源插件上的电源开关，此时装置应能正常工作（液晶显示正常，CPU 插件运行灯正常）。

（2）电源模块及后备电源试验。在配电自动化终端工作正常的情况下，将供电电源断开，其备用储能装置应自动投入，采用蓄电池储能的配电自动化终端在 4h 内应能正常工作和通信，模拟主站或者配电自动化系统主站分别发送一组遥控分闸、合闸命令，配电自动化终端应能正确控制开关动作。通过模拟欠压、电源模式切换等操作，检查是否有对应状态指示灯及告警信号输出。

（3）直流拉合试验。合上电源开关，在电流、电压回路加上额定的电流电压值，配电自动化终端装置上应无任何告警信号，在拉合直流电源的过程中，无配电自动化终端误动作及跳闸出口信号。

4．通电检验

（1）键盘和显示面板检查。在配电自动化终端装置正常工作状态下，检验装置按键的功能正确，接触良好。面板显示正确清晰，液晶屏无划痕、花屏等异常。

（2）软件版本和程序校验码检查。核对配电自动化终端装置的软件版本号和校验码，检查版本号和校验码应正确，型号相同的装置软件版本应相同，并记录下软件版本和程序校验码。

5．通信及维护功能试验

（1）通信功能试验。时间整定：进入时钟整定菜单，整定年、月、日、时、分、秒，观察时钟应正确。主站校时：配电自动化系统主站或模拟主站发校时命令，配电自动化终端显示的时钟应与主站时钟一致。检验装置时钟应能自动与标准时钟对应一致。主站发召唤遥信、遥测和遥控命令后，配电自动化终端应正确响应，主站应显示遥信状态、召测到遥测数据，配电自动化终端应正确执行遥控操作。

（2）信息点表核对。根据信息点表设计要求，对配电自动化终端和配电自动化系统主站之间遥信、遥控、遥测的信息点进行一一核对，确保一致正确。

（3）维护功能试验：

1）当地参数设置：配电自动化终端应能当地设置限值、整定值等参数。

2）远方参数设置：主站通过通信设备向配电自动化终端发限值、整定值等参数后，配电自动化终端的限值、整定值等参数应与主站设置值一致。

3）远程程序下载：主站通过通信设备将新版本程序下发，配电自动化终端程序的版本应与新版本一致。

6. 开关量输入检验

模拟开关量开入或以实际操作开关形式，对所有开关分/合闸、隔离开关、接地刀闸、开关储能、气压异常、远方/就地等开关量输入进行试验，主站显示的开关量状态变化应与现场实际一致。同时，核对遥信变位和 SOE 的时间差是否满足要求。

7. 交流采样检查试验

（1）交流电压电流采样试验。使用继电保护测试仪对终端依次输入额定电压的 60%、80%、100%、120% 和额定电流的 5%、20%、40%、60%、80%、100%、120% 及 0，观察终端装置和主站显示测量值。电流采样值误差应不大于 0.5%，电压采样值误差应不大于 0.5%。

（2）有功功率、无功功率基本误差试验。调节继电保护测试仪的输出，保持输入电压为额定值，频率为 50Hz，改变输入电流为额定值的 5%、20%、40%、60%、80%、100%。要求有功功率、无功功率基本误差不大于 1%。

8. 装置电压电流过量试验

输入 10 倍额定电流，施加 5 次，施加时间为 1s，要求误差不大于 5%，输入 20 倍额定电流 1s 内终端能够正常工作。输入 2 倍额定电压，施加 5 次，施加时间为 1s，要求终端能够正常工作。

9. 保护定值试验

（1）定值核查。按保护定值单输入定值，检查终端定值项目、定义、内容应与正式定值单一致。

（2）定值整定误差试验。对于过流保护和过负荷保护，要求 1.05 倍定值可靠动作，0.95 倍定值可靠不动作。对于配置保护出口的断路器，需带一次开关进行试验，要求可靠跳闸输出；对于配置保护告警功能的负荷开关，需带一次开关进行试验，要求可靠不输出跳闸，仅发送告警信号。

（3）保护动作时间检查。在 1.2 倍整定值下进行测试，对于分支线开关需要测试带开关动作出口的整体时间；对于干线开关仅需检查故障检测功能，试验时整定装置继电保护功能无跳闸输出，确保试验时装置检测到故障后不跳闸输出。保护出口动作时间，应与时间定值保持一致，瞬时出口保护动作时间应满足装置技术指标要求。

10. 遥控操作试验

（1）遥控闭锁试验。就地状态，遥控进入闭锁状态，遥控操作失效；远方状态，遥控正常；投入遥控软压板，遥控功能正常，退出遥控软压板，遥控操作失效。

（2）开出传动检验。遥控操作方式，检查装置相应的继电器触点应正确动作，一次设备动作情况应正确，并观察装置液晶显示及面板上的信号灯指示应正确，每间隔开关还需要模拟馈线失电情况，用后备电源系统模拟一次分/合操作。

（3）远方电池活化。遥控操作方式，进行远方蓄电池活化，检查电源模块电池活化的指示状态应正确。

（4）远方复位装置。遥控操作方式，对终端进行远方复位操作，检查终端设备应正常复位，复位后工作应正常。

（5）安全防护调试：

1）终端密钥配置。从主站密码机获取主站的公钥，然后分别将公钥配置到终端中，终端能够正常进行配置。

2）主站对终端进行密钥验证。在主站和终端建立连接后，选择一套密钥，由主站发起公钥验证操作，测试公钥验证功能是否正常响应、执行并上送确认信息至主站。以此方法对其他密钥进行公钥验证测试，检验终端是否依次验证成功。

3）主站对终端执行加密遥控。公钥验证通过之后，选择一套密钥，由主站发起遥控选择、遥控执行命令，测试遥控命令执行是否正常。依次对其他公钥进行遥控功能测试。检验终端是否正确执行。

4）主站对终端进行密钥更新及更新验证。在遥控功能测试通过之后，选择在一套密钥的保护下，主站对终端发起其他密钥的更新操作，然后主站选择更新的密钥执行密钥验证及遥控操作，以确认密钥是否更新成功。以此相同方法对其他各套密钥都加以更新及更新验证试验。

5）配电自动化系统控制指令冗余性测试。冗余性测试主要测试终端设备对非正确报文的接收能力，终端应能识别非正确报文，并回复响应的报文给配电自动化系统主站进行识别修复。

11. 电流互感器试验

（1）伏安特性试验。试验时，TA 一次侧开路，从 TA 本体二次侧施加电压，可预先选取几个电流点，逐点读取相应电压值。通入的电流或电压以不超过制造厂技术条件的规定为准。当电压稍微增加一点而电流增大很多时，说明铁芯已接近饱和，应极其缓慢地升压或停止试验，根据试验数据绘出伏安特性曲线，根据故障电流大小、伏安特性拐点校验 TA 是否满足保护动作要求。

（2）变比、极性试验。采用从 TA 一次通流的形式进行变比和极性测试，判断变比和容量是否与铭牌一致，极性是否正确（可采用专用的互感器特性测试仪进行测试）。

6.3.2 配电自动化站所终端调试项目

配电自动化站所终端（DTU）调试主要项目如表 6-2 所示，具体测试步骤参照章节 6.3.1 部分执行。

表 6-2   配电自动化站所终端调试项目

调　试　项　目	静态调试	现场联调
1　外观部分及机械部分检查		
1.1　基本资料	√	
1.2　外观检查	√	√
1.3　保护接地	√	√
1.4　插件检查	√	√
1.5　二次端子排检查	√	√
1.6　TA、TV 回路检查		√
1.7　人机接口检查	√	√
1.8　各部件卫生检查	√	√
2　绝缘电阻试验	√	√
3　装置电源的试验		
3.1　装置电源的自启动性能试验	√	
3.2　电源模块及后备电源试验	√	
3.3　直流拉合试验	√	
3.4　装置电源工作稳定性检查	√	

调 试 项 目	静态调试	现场联调
4 通电试验		
4.1 配电自动化终端装置的通电自检	√	√
4.2 键盘和显示面板检查	√	√
4.3 软件版本和程序校验码检查	√	√
5 通信及维护功能试验		
5.1 通信功能试验	√	√
5.2 信息点表核对	√	
5.3 维护功能试验	√	
6 开关量输入试验	√	√
7 交流采样试验		
7.1 交流电压电流采样试验	√	√
7.2 有功功率、无功功率基本误差试验	√	√
7.3 装置电压电流过量试验	√	
8 保护定值试验		
8.1 定值核查	√	√
8.2 定值整定误差试验	√	√
8.3 保护动作时间检查	√	√
9 遥控操作试验		
9.1 遥控闭锁试验	√	√
9.2 开关传动试验	√	√
9.3 远方活化试验	√	√
9.4 远方复位试验	√	√
10 TA 特性试验		
10.1 伏安特性试验	√	
10.2 变比、极性试验	√	
11 投运前核查		
11.1 装置定值核查		√
11.2 开关量状态核查		√
11.3 二次负担核算		√
11.4 压板、开关核查		√
12 带负荷检查		
12.1 调试记录		√
12.2 装置运行状态检查		√
12.3 交流电压和电流采样值检验		√
12.4 交流电压电流的相别核对		√

6.3.3 配电自动化馈线终端调试项目

配电自动化馈线终端（FTU）调试主要项目如表 6-3 所示，具体测试步骤参照章节 6.3.1 部分执行。

表 6-3　　　　　　　　　配电自动化馈线终端调试项目

调 试 项 目	静态调试	现场联调
1　外观部分及机械部分检查		
1.1　基本资料	√	
1.2　外观检查	√	√
1.3　保护接地	√	√
1.4　插件检查	√	√
1.5　二次端子排检查	√	√
1.6　TA、TV 回路检查		√
1.7　人机接口检查	√	√
1.8　各部件卫生检查	√	√
2　绝缘电阻试验	√	√
3　装置电源的试验		
3.1　装置电源的自启动性能试验	√	
3.2　电源模块及后备电源试验	√	
3.3　直流拉合试验	√	
3.4 装置电源工作稳定性检查	√	
4　通电试验		
4.1　配电自动化终端装置的通电自检	√	√
4.2　键盘和显示面板检查	√	√
4.3　软件版本和程序校验码检查	√	√
5　通信及维护功能试验		
5.1　通信功能试验	√	
5.2　信息点表核对	√	
5.3　维护功能试验	√	
6　开关量输入试验	√	√
7　交流采样试验		
7.1　交流电压电流采样试验	√	√
7.2　有功功率、 无功功率基本误差试验	√	√
7.3　装置电压电流过量试验	√	
8　保护定值试验		
8.1　定值核查	√	√
8.2　定值整定误差试验	√	√
8.3　保护动作时间检查	√	√
9　遥控操作试验		
9.1　遥控闭锁试验	√	√
9.2　开关传动试验	√	√
9.3　远方活化试验	√	√
9.4　远方复位试验	√	√
10　TA 特性试验		
10.1　伏安特性试验	√	
10.2　变比、极性试验	√	

调 试 项 目	静态调试	现场联调
11　投运前核查		
11.1　装置定值核查		√
11.2　开关量状态核查		√
11.3　二次负担核算		√
11.4　压板、开关核查		√
12　带负荷检查		
12.1　调试记录		√
12.2　装置运行状态检查		√
12.3　交流电压和电流采样值检验		√
12.4　交流电压电流的相别核对		√

6.3.4　配电线路故障指示器调试项目

配电线路故障指示器调试主要项目如表 6-4 所示，具体测试步骤参照章节 6.3.1 部分执行。

表 6-4　　　　　　　　　　　配电线路故障指示器调试项目

调 试 项 目	静态调试	现场联调
1　外观部分及机械部分检查		
1.1　基本资料	√	
1.2　外观检查	√	√
1.3　保护接地	√	√
1.4　二次端子排检查	√	√
1.5　人机接口检查	√	√
1.6　各部件卫生检查	√	√
2　绝缘电阻试验	√	√
3　装置电源的试验		
3.1　装置电源的自启动性能试验	√	
3.2　电源模块及后备电源试验	√	
3.3　直流拉合试验	√	
3.4　装置电源工作稳定性检查	√	
4　通电试验		
4.1　配电自动化终端装置的通电自检	√	√
4.2　键盘和显示面板检查	√	√
4.3　软件版本和程序校验码检查	√	
5　通信及维护功能试验		
5.1　通信功能试验	√	√
5.2　信息点表核对	√	
5.3　维护功能试验	√	√
6　开关量输入试验	√	√

调 试 项 目	静态调试	现场联调
7　交流采样试验		
7.1　交流电流采样试验	√	√
7.2　装置电流过量试验	√	
8　投运前核查		
8.1　装置定值核查		√
8.2　开关位置核查		√
9　带负荷检查		
9.1　调试记录		√
9.2　装置运行状态检查		√
9.3　交流电流采样值检验		√
9.4　交流电流的相别核对		√

7

配电自动化通信系统调试

配电自动化通信系统按分层结构建设，主要包括骨干层（SDH）网络和接入层网络，由于目前配电网骨干通信网的建设已随变电站的建设基本完成，配电自动化通信系统测试的重点为接入层网络，配电自动化通信接入网可分为无线通信接入和有线通信接入网络，其中有线方式主要以光纤通信和电力线载波通信为主，无线接入通信方式包括无线公网和无线专网两种，不同的通信方式所采用的调试方法也不尽相同。本章首先以 SDH 网络调试为例简单介绍骨干层网络调试技术，再以 EPON 通信接入技术和无线公网通信接入技术为例重点介绍接入层网络的调试技术及方法。

7.1 SDH 网 络 调 试

SDH 通信网络是电力骨干通信网的主要传输技术，也是目前连接配电自动化系统主站和终端通信接入网的核心网络。SDH 通信网络安装调试包括对 SDH 光通信传输设备各物理板卡的性能测试以及外接告警点测试，根据测试结果判断设备的光电元器件是否符合运行要求，及时发现 SDH 光通道质量及设备缺陷，保障电力生产业务在电力通信网上高速、可靠、正确的传输，一般而言 SDH 网络调试流程如图 7-1 所示。

SDH 通信网络的调试在设备到货安装到位、光链路连通以及光功率调试正常之后进行，主要流程包括：SDH 光传输设备调试、网管连接测试、系统功能及业务性能测试等方面。

SDH 光传输设备调试包括对 SDH 光通信传输设备各物理板卡的性能的测试以及外接告警点测试，根据测试结果判断设备的光电元器件是否符合运行要求，及时发现 SDH 光通道质量及设备缺陷；网管连接测试主要是测试 SDH 网络管理系统对现场 SDH 设备及通信网络的状态监测、参数配置、性能及安全

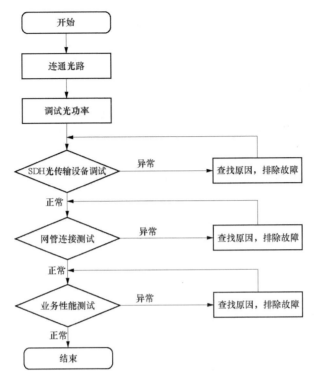

图 7-1 SDH 网络联调流程图

管理功能，并应支持告警信息分类；SDH 网络业务性能测试主要包括光接口测试、以太网功能及性能测试、设备告警及保护倒换功能测试、路由测试等，用以检查全网设备的连接、业务支撑及网络性能。

对于配电自动化系统应用而言，主要利用 SDH 网络的多业务承载能力，在后期运维过程中，重点关注 SDH 环网设备故障（或告警）对配电自动化系统通信网络正常稳定运行可能带来的影响。

7.2 EPON 系统现场调试及验收

7.2.1 调试应具备条件

（1）在设备安装调试工作开始前，应根据设计对变电站侧机房或配电自动化终端侧设备的环境条件进行全面检查。

（2）终端侧土建工程已全部竣工，配电自动化终端二次附柜给 EPON 通信终端预留了足够的安装空间，孔洞、照明、电源插座设置等符合工艺设计要求。

（3）变电站侧机房照明、插座的数量和容量符合设计配置要求，安装工艺良好，满足使用要求。

（4）电源已接入通信机房或附柜，满足设计和施工要求。

7.2.2 EPON 常用测试设备

本节主要介绍 EPON 系统测试中常用的测试设备，EPON 系统现场测试常用设备主要包括：光源、PON 接口光功率计、光衰减器、光时域反射分析仪、以太网数据网络分析仪等仪器设备。

（1）光源。手持式光源主要是在光链路维护中与光功率计配合使用，用以测试光通信链路的通道损耗情况。在现场测试中需要注意的是，如果光源的分光功率超过光功率计的量程，则需要在光源与光功率计之间增加光衰减器。

图 7-2　光链路损耗测试示意图

通常 EPON 通信链路的光损耗测试，如图 7-2 所示。先用短光纤跳线连接光源和光功率计，将光功率计的读数记为相对光功率值 0dB，然后将光源和光功率计分别置于被测光链路通道的两端，测试光功率计的读数就是光纤的光损耗值。

目前，EPON 测试常用的光源有 EXFO 的 FLS 系列，如图 7-3 所示。可提供激光器、LED 型号以及多个波长供选择；支持一个端口上最多提供三种单模波长（1310、1550 和 1490 或 1625nm），或两个端口上最多提供四种波长（850/1300nm 和 1310/1550nm），方便现场测试。

（2）光功率计及光功率相关内容：

1）光功率：

a．光功率是光在单位时间内所做功的描述，光通信测量中的光功率单位常用毫瓦（mW）和分贝毫瓦（dBm）表

图 7-3　EPON 光源

示。为了计量方便，还引入分贝（dB）来计算，dB 为一个纯计数单位，本意是表示两个量的比值大小，没有单位。工程中常用 dBm 来描述功率的量值，dB 来表述功率的相对值。

b．绝对功率电平为在传输信道中某一点信号功率与规定的参考功率之比。单位为分贝毫瓦（dBm），参考功率为 1mW。这里的分贝只能表示一个比值，而不能用来表示一个确定的物理量，计算公式为：10log（功率值/1mW）。

c．相对功率电平是指在传输信道中的某点上，信号功率与该信号在一选定的参考点上功率之比，通常以分贝（dB）表示，EPON 通信系统链路测试的光损耗即可用 dB 来描述。

应该注意的是，电平值为负，是说明某点功率比基准点的小，不能误解为功率为负；电平值为零，是说明某点功率与基准点功率一样大，而不能误解为功率也为零；如果光功率出现负值，就说明某点功率小于 1mW。

2）光功率计。光功率计主要用于测量光功率的大小和变化，光功率计主要可分为手持式光功率计、台式光功率计和模块化的光功率计。目前，EPON 系统测试中常用的为手持式光功率计，如图 7-4 所示。

PON 光功率计的使用与普通光功率计不同。在 EPON 系统中，只有保证 ONU 与 OLT 间的光线路是连通的，ONU 才会工作，并且 ONU 发出光信号不是连续的，因此，为了测试 ONU 的突发光功率就要求光功率计满足以下两个条件：①脉冲记录方式，实现突发功率的记录；②要具有两个端口，分别连接 OLT、ONU 设备，并保证对光信号的透传。

图 7-4　光功率计

PON 光功率计测试配置，应保证来自 OLT 设备的光跳线与 PON 光功率计的"OLT"接口相连，来自 ONU 设备的光跳线与"ONU"接口相连，这样 PON 光功率计就可以同时测出来自 OLT、ONU 双方向 3 个波段的光功率，使测试变得更加简单。

（3）光衰减器。光衰减器可按要求将光功率进行预期的衰减，是 EPON 系统测试不可缺少的重要设备。光衰减器一般分为固定式光衰减器和可调光衰减器。一般而言 EPON 通信系统测试需要将光衰减值连续变化，以测试 EPON 设备的接收灵敏度和饱和度。

可调光衰减器主要用于测试接收端口的接收机灵敏度和过载光功率，可调光衰减器在测试中的应用示意如图 7-5 所示。

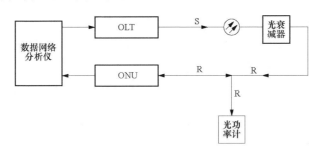

图 7-5　可调光衰减器在测试中的应用示意图

（4）光时域反射分析仪。光时域反射分析仪（OTDR）是通过测量光纤线路的损耗来确定故障点的测试仪表，测试的理论基础是光纤的后向散射理论。OTDR 除了能够对光纤衰减、连接器损耗、链路器件反射损耗等进行测试以外，其最大的优点在于可以实现绘制沿长度的光纤特性分布图，直观的反应光纤链路的总体情况。光时域反射分析仪如图 7-6 所示，主要应用包括光纤的内视图并且能够计算光纤长度、衰减、断裂、总回损及熔接、连接器和总损耗等。

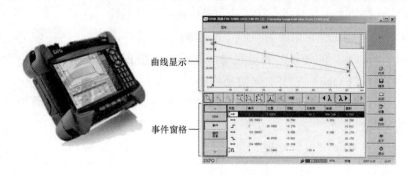

曲线显示

事件窗格

图 7-6　光时域反射仪及测试曲线图

一般而言，EPON 通信网络 OTDR 测试应用思路为：①用光源、光功率计测量链路损耗，用 OTDR 测量长度。由于使用光源、光功率计测量链路损耗接近于标准损耗测量方法，所以损耗测量的精度相对更高，长度测量采用 OTDR 获得。用损耗值除以长度值即可得到单位长度衰减值。②OTDR 测量曲线作为参考，OTDR 测量重点在于排除链路障碍，如连接器的连接质量，熔接点的熔接质量，探察光纤微弯等内容。

（5）以太网数据网络测试仪。以太网数据分析主要用于测试以太网性能和 MAC 层功能，以太网数据分析仪如图 7-7 所示，以太网性能指标包括吞吐量、丢包率、时延。MAC 层功能包括 IEEE802.1Q 规定的 VLAN 功能、802.1AD 规定的 VLAV Stacking 功能、802.1W 规定的快速生成树协议（RSTP）、802.1P 规定的优先级控制功能、802.3X 规定的流量控制功能、802.3AD 规定的端口聚合功能、端口镜像、广播风暴抑制等功能。

在测试过程中，首先应保证测试端口之间的数据链路是连通的，要注意源 MAC 地址和目的 MAC 地址的对应设定。

在进行性能测试时，应注意对应标准规定的测试步长、测试时间、测试次数的要求，因为这些参数设定不同，测试结果可能会产生差异。例如，吞吐量

图 7-7 以太网数据分析仪

的测试，测试的目的是为了获得链路可传输的最大数据带宽，仪表会根据设定从高带宽到低带宽反复测试，找到设备（或系统）的最大数据传输带宽，测试步长是指每次测试的带宽间隔，间隔越小获得的数据越准确，但同样会遇到参数设置过高和测试时间变长的矛盾。应采取先用短时间、低间隔、单次测试缩小范围，然后再根据要求设置参数进行精测的方法。

7.2.3　EPON 通信系统现场测试

EPON 通信系统的现场测试包括 EPON 技术基础测试、EPON 系统的可靠性测试、网管系统测试三大部分，其中 EPON 技术基础测试以 EPON 光链路及光参数测试、EPON 通信网络功能特性测试、EPON 通信网络性能测试等方面为主。

1. 现场设备测试条件

（1）测试所需工具如表 7-1 所示：

表 7-1　　　　　　　　　　　测 试 工 具 表

序号	名　称	备　注
1	光源	提供 1310nm、1490nm、1550nm 三个波长
2	光功率计	带分波功能（三波）
3	网络分析仪	具有 FE/GE 接口，支持组播模块
4	光衰减器	衰减量可调，标准波长 1310nm
5	OTDR	具备 PON 故障诊断功能

（2）机房温度、湿度和电源电压应符合下列要求：

1）温度：18～28℃；

2）温度变化率：小于 5℃/h 并不得结露；

3）相对湿度：40%～70%。

（3）交流供电电源质量要求：

1）稳态电压偏移范围小于±2%；

2）稳态频率偏移范围小于±0.2Hz；

3）电压波形畸变率 3%～5%；

4）直流电压：DC48V（允许变化范围为 40～57V）。

（4）硬件检查：

1）设备标签齐全正确；

2）设备及印制电路板数量、规格、安装位置与工程设计文件相符；

3）插拔电路板无阻碍；

4）设备的各种选择开关应置于指定位置上；

5）设备的各种熔丝规格符合要求；

6）列架、机架接地良好；

7）设备内部的电源布线无接地现象。

（5）设备通电前，应在电源分配架输入端上测量主电源电压，确认正常后方可进行通电测试。

2. EPON 系统 ODN 测试

（1）EPON 系统 ODN 测试要求。EPON 系统的光分配网络（ODN）的测试，EPON 系统 ODN 光通道模型见图 7-8。主要目的是测试光缆施工及光连接设备的安装工艺及施工质量，光链路损耗应满足设计要求，保证通信光缆路径满足配电自动化系统对通信网络的要求。主要内容如下：

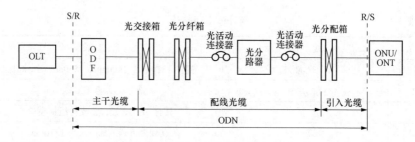

图 7-8　EPON 系统 ODN 光通道模型

1）光缆链路段竣工及验收测试应包括下列内容。纤序对号；光缆接头损耗（dB）；光缆链路段光纤线路损耗系数（dB/km）及传输长度（km）；光缆链路段光纤通道总损耗（dB）；直埋光缆线路对地绝缘电阻（MΩ·km）。

2）光缆链路段光纤损耗测试系统参见图 7-2。

3）光缆链路段测试应开展主干、配线、配电自动化终端站点引入光缆的分段测试，记录应统一格式，主干段测试点包括局端 ODF、光交接箱；配线段测试点包括光交接箱、光分纤箱（分光器安装在光分纤箱位置）、终端光分配箱（分光器安装在配电终端附柜光分配箱位置）。

4）光缆链路段光纤线路损耗测量，应在完成光缆成端后，采用 OTDR 测试仪在 ODF 架上测量光纤线路外线口的损耗值。

5）光缆链路段光纤后向散射曲线（即光纤轴向损耗系数均匀性）检查，应在光纤成端、沟坎加固等路面动土项目全部完成后进行。光纤后向散射曲线应有良好线形且无明显台阶，接头部位应无异常线形。OTDR 打印光纤后向散射曲线应清晰无误，并应收录于光缆链路段的测试记录。

6）光缆链路段光纤通道总损耗，包括光纤线路损耗和两端连接器的插入损耗，应采用稳定的电源和光功率计经过连接器测量。一般可测量光纤通道双方向（A-B 及 B-A）的总损耗（dB）。总损耗值应符合设计规定，测量值应记录入光缆链路段测试记录。

7）光缆线路对地绝缘，应在监测接头标识的引出线测量金属护层的对地绝缘，测量仪表一般采用高阻计或 500V 兆欧表。对地绝缘电阻值应符合竣工验收指标不低于 $10\text{M}\Omega \cdot \text{km}$，其中允许 10% 的单段光缆不低于 $2\text{M}\Omega$。测量值应记入光缆链路段测试记录。

（2）EPON 链路理论光功率预算。光通道损耗是 EPON 系统施工最重要的网络性能指标，在所有光纤通信工程的前期设计中，需要对光功率进行详细计算，以保证实施时能够符合 OLT 和 ONU 之间的光功率预算要求。光功率衰减的主要影响因素有：分光器的插入损耗（不同分光比有不同的插入损耗）、光缆本身的损耗、光缆熔接点损耗、尾纤/跳纤通过适配器端口连接的插入损耗，具体如表 7-2 所示。

表 7-2 　　　　　　　　　ODN 光 损 耗 参 数 表

名　　称		平均损耗（dB）
连接点	机械接续	0.2
	熔接	0.1
光分路器	1:32	16.5
	1:16	13.5
	1:8	10.5

名　称		平均损耗（dB）
光分路器	1:4	7.2
	1:2	3.2
光纤（G.652）	1310nm（dB/km）	0.35
	1490nm（dB/km）	0.25
工程余量		3

光通道损耗为以上因素引起的损耗总和，在工程设计时，必须控制 ODN 中最大的衰减值，建议控制在 26dB 以内。按 1:4 和 1:8 两级均匀分光考虑，10kV 主干线采用 48 芯光缆按 10km 考虑，支线采用 24 芯光缆按 0.5km 考虑。

ODN 光通道损耗计算公式如式（7-1）所示

$$P_l = \sum_{i=1}^{n} L_i + \sum_{i=1}^{m} K_i + \sum_{i=1}^{p} M_i + \sum_{i=1}^{h} F_i \qquad (7\text{-}1)$$

式中：P_l 为 ODN 光通道损耗值；$\sum_{i=1}^{n} L_i$ 为全程 n 段光纤衰减总和；$\sum_{i=1}^{m} K_i$ 为 m 个熔接点衰减总和；$\sum_{i=1}^{p} M_i$ 为 P 个机械连接头损耗总和；$\sum_{i=1}^{h} F_i$ 为 h 个分光器损耗总和。

（3）光缆链路测试。对光缆线路的测试分二个部分：分段损耗测试和全程损耗测试。

1）分段损耗测试。采用 OTDR 对每段光链路进行测试。测试时将分光器从光线路中断开，分段对光纤段逐段进行测试，测试内容包括在 1310nm 波长的光损耗和每段光链路的长度。分段损耗测试如图 7-9 所示：

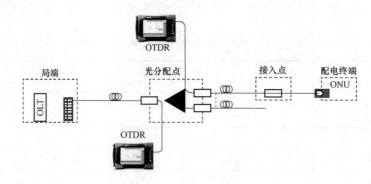

图 7-9　分段损耗测试图

2）全程损耗测试。全程损耗测试采用光源、光功率计，对光链路 1310nm、1490 nm 和 1550mm 波长进行测试，包括活动光连接器、分光器、接头的插入损耗。上行方向采用 1310nm 测试，下行方向采用 1490nm 进行测试。全程损耗测试如图 7-10 所示，测试结果记录在表 7-3 中。

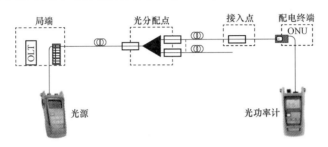

图 7-10　光链路全程损耗测试图

表 7-3　　　　　　　　　　　　　光链路全程损耗记录表

光缆线路名称			检 查 情 况		
纤芯号	对纤情况	全长（m）	总衰耗（dB）	平均衰耗	高损点情况
第 1 芯					
第 20 芯					
第 32 芯					
第 48 芯					

3. EPON 设备 PON 接口测试

（1）OLT 的 PON 口发光功率：

1）测试目的。通过 EPON 设备的 PON 口发光功率测试，可以检测设备的 PON 口、光缆的故障情况。结合光接收灵敏度的数值，可以计算 EPON 设备的传送距离。

2）测试步骤及要求。测试步骤：

a. 按照图 7-11 连接设备；

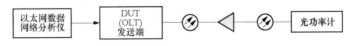

图 7-11　OLT 光功率测试连接图

b. 如有必要，可以在 OLT 的网络侧接口（NNI）接上以太网数据网络分析仪发送测试信号；

c．光功率计设置在被测光波长上（下行波长 1490nm），待输出功率稳定，从光功率计读出平均发射功率。

合格标准：测试出的 OLT 发光功率应符合 EPON 标准和厂家报告的参考值，一般而言为：1000Base−PX20：+2～+7dBm。

（2）ONU 的 PON 口发光功率：

1）测试目的。通过测试 ONU 设备 PON 口发光功率，可以检测设备的 PON 口的故障情况，检测设备是否满足相关标准及技术规范书要求。同时结合光接收灵敏度的数值，可以计算 EPON 设备的传送距离。

2）测试步骤及要求。测试步骤：

由于 ONU 是被动发光，只有当 ONU 接受 OLT 的光之后才能发光，所以必须将光功率计串联到 OLT 和 ONU 之间，即将连接 ONU 的尾纤连接到光功率测试仪的 ONU 端口，将连接 OLT 端口的尾纤连接到光功率测试仪的 OLT 端口，串联之后就可以通过读取光功率上 1310nm 波长的显示数值即可得到 ONU 的光功率值。

a．按照图 7-12 连接设备、仪表，待 ONU 注册成功工作正常；

图 7-12　ONU 光功率测试图

b．如有必要，可以在 OLT 的网络侧接口（NNI）和 ONU 网络侧接口同时接上以太网数据网络分析仪发送测试信号；

c．光功率计设置在被测光波长上行波长 1310nm，待输出功率稳定、ONU 正常工作后，在 S 点处从 PON 光功率计读出平均发送光功率值 P 并记录测试结果。

合格标准：测试出的 ONU 发光功率应符合 EPON 标准和厂家报告的参考值，一般而言为：1000Base-PX20：−1～4dBm。

（3）ONU 的 PON 口接收灵敏度：

1）测试目的。通过测试 ONU 设备 PON 口接收灵敏度，可以检测设备的 PON 口、光缆的故障情况，检测设备是否满足相关标准及技术规范书要求。也可结合发光功率的数值，可以计算 EPON 设备的传送距离。

2）测试步骤及要求。测试步骤：

a．按照图 7-13 连接设备、仪表，待 ONU 注册成功工作正常；

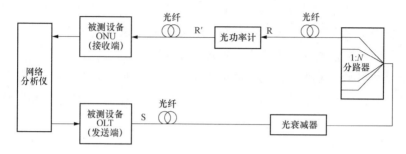

图 7-13　ONU 光功率测试图

b．如有必要，可以在 OLT 的网络侧接口（NNI）和 ONU 网络侧接口同时接上以太网数据网络分析仪发送测试信号；

c．调整光衰减器，逐渐加大衰减值，使以太网数据网络分析仪检测到的误码尽量接近但不大于规定的 BER（10^{-10}），观察 BER 基本稳定后记录此时 BER；

d．断开 R 点的活动连接器，将光衰减器的输出与光功率计相连，读出并记录 R 点的接收光功率，即为接收灵敏度；可多次进行测试，求取平均值。

合格标准：测试出的 ONU 设备接收灵敏度应符合 EPON 标准和厂家报告的参考值，一般而言 ONU 的光接收灵敏度优于−24dBm。

（4）ONU 的 PON 口的过载光功率：

1）测试目的。ONU 设备的过载点，即 ONU 的 PON 口能正常工作所能支持的最大光功率值，超过过载点 EPON 系统将无法正常工作。

2）测试步骤及要求。测试步骤：

a．按照图 7-14 连接设备、仪表，待 ONU 注册成功工作正常；

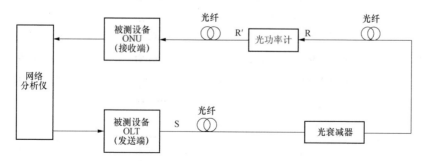

图 7-14　ONU 过载光功率测试图

b. 使用以太网数据网络分析仪同时发送上下行数据流，调整光衰减器使得上下行流量正常；

c. 调整光衰减器，逐渐减小衰减值，使以太网数据网络分析仪检测到的误码尽量接近但不大于规定的 BER（10^{-10}），观察 BER 基本稳定后记录此时 BER；

d. 断开 R 点的活动连接器，将光衰减器的输出与光功率计相连，读出并记录 R 点的接收光功率，即为过载光功率；可多次进行测试，求取平均值。

合格标准：测试出的 ONU 设备过载光功率应符合 EPON 标准和厂家报告的参考值，一般而言 ONU 的过载光功率优于–3dBm。

4. EPON 系统基本功能测试

（1）ONU 加电和注册功能测试：

1）测试目的。测试 EPON 系统的自动发现和授权机制，测试 ONU 加电注册功能、ONU 掉电和链路中断影响、掉电重启激活及其恢复功能。

2）测试步骤及要求。测试步骤：

a. 按图 7-15 连接测试环境，使用 4 个 ONU；

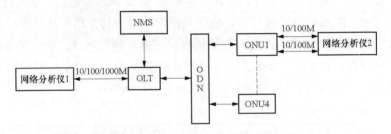

图 7-15　ONU 加电和注册功能测试连接图

b. 启动 OLT 后，不配置许可模式，允许所有 ONU 接入，接通所有 ONU 电源，查看 ONU 状态；配置以太网数据网络分析仪分别对 4 个 ONU 发送 4 条上行的单播数据流；

c. 打开 OLT 注册许可模式或认证模式，将 ONU1，ONU2 和 ONU3 都列入允许列表，不把 ONU4 列入允许列表，看三个 ONU 能否正常进行业务转发；

d. 将 ONU1 的光纤断开并重新插入，看 ONU1 的业务能否断开后再自动回复；

e. 将 ONU2 从允许列表中删除，检查 ONU2 是否还能注册并恢复业务转发；

f. 将 ONU3 进行手动重新注册或重新发现，看 ONU3 的业务能否断开后再恢复。

合格标准：

步骤 b 中，所有 ONU 均能正常发现及注册，并实现数据业务转发；

步骤 c 中，ONU1 到 ONU3 均能正常注册，ONU4 无法正常注册；

步骤 d 中，ONU 插拔光纤，能够恢复正常状态；

步骤 e 中，ONU2 将不能再注册并实现数据业务转发；

步骤 f 中，ONU3 能够被去注册并自动重新注册，并回复业务的转发。

（2）VLAN 功能测试：

1）测试目的。检验系统支持的 VLAN 功能及模式。

2）测试步骤及要求。测试步骤：

a. 按图 7-16 连接设备，待 ONU 注册成功且工作正常；

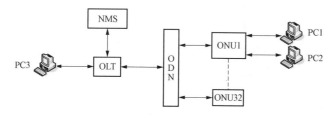

图 7-16 EPON 系统 VLAN 功能测试连接图

b. 设置单一 VLAN，ONU1 的 LLID1（PORT1）属于 VLAN1，ONU1 的 LLID2（PORT2）属于 VLAN2；

c. 从 OLT 侧 PC3 机上利用网络分析软件分别发送 tag 为 VLAN1 VID1 和 VLAN2 VID2 的广播数据包；

d. 在 ONU 侧的 PC1，PC2 上利用网络分析软件捕获所接收到的包，并对包的内容进行比较。

合格标准：PC1 上能且只能收到 VLAN 1VID1 的广播数据包。PC2 上能且只能收到 VLAN 2VID2 的广播数据包。

5. PON 系统可靠性测试

为了保证配电自动化系统运行的可靠性，一般要求 EPON 系统具备一定的冗余性，包括：通信链路冗余、电源冗余等，EPON 系统的优势在于链路的手拉手保护功能能够在通信光缆遭遇外力破坏时，通过备用链路可靠保障配电自动化终端的实时在线。

（1）电源冗余保护功能测试。测试步骤：

1) 参考图 7-17, 根据现场连接测试 EPON 系统;

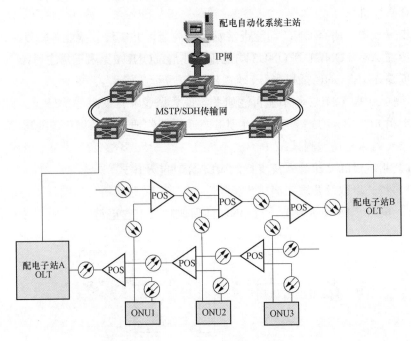

图 7-17 EPON 系统组网拓扑

2) 按图连接测试环境, 正确配置业务及仪器, 上下行同时发送数据, 帧速率为 FPS=148810, 测试包长度 64Bytes;

3) OLT 系统配置 2 块电源板, 手工将其中一块电源板关电, 观察设备状况及业务运行情况。

预期结果: 在步骤 2) 中, OLT 支持主备电源冗余保护功能, 电源切换后业务可以维持正常。

(2) ONU 手拉手保护性能测试。测试步骤:

如图 7-17 接线, 选取具备链路手拉手保护的 ONU 站点。

1) 随机抽取 3 台光纤手拉手的 ONU 设备;

2) 在两台 OLT 的两个 PON 口上分别注册 ONU 的两块 PON 卡;

3) 断开主用光纤, 从配电自动化主站界面查看对应终端是否掉线;

4) 查看 EPON 网管系统看是否有相应告警信息。

预期结果:

步骤 3) 中, 断开 ONU 的一个 PON 口, 数据会保护到另外一个端口至 OLT2,

业务依然正常，配电自动化主站终端无明显掉线情况；

步骤4）中，EPON 网管系统对应 ONU 设备有相应 PON 口切换告警。

6. EPON 网管功能测试

EPON 系统操作维护管理功能应支持对 OLT 和 ONU 的配置、故障、性能、安全等管理功能。OLT 的操作管理和维护功能主要通过 EPON 网元管理系统进行。ONU 的操作管理和维护功能有两种实现方式：一种是本地管理，另一种是远程管理。

（1）配置管理测试。测试步骤：

1）现场 EPON 系统安装完成，ONU 正常注册，具备测试条件；

2）通过网管操作界面进行网元的增加、删除等操作；

3）通过网管操作界面查询 OLT、ONU 拓扑图；

4）通过网管对网元的接口、vlan 等进行配置和查询；

5）通过网管进行业务配置。

预期结果：

步骤2）中，通过网管可以进行网元的增删等操作；

步骤3）中，通过网管可以查询拓扑图；

步骤4）中，通过网管可以进行接口、vlan 等配置和查询；

步骤5）中，通过网管可以进行单播等业务配置。

（2）故障管理功能测试。测试步骤：

1）现场 EPON 系统安装完成，ONU 正常注册，具备测试条件；

2）配置业务工作正常，人为制造故障状态，如拔除 OLT 的 PON 口光纤，在网管上观察有无告警产生；

3）查看网管对不同级别的告警是否能够进行区分。

预期结果：

步骤2）中，在网管上观察到有 OLT 的 LOS 告警产生；

步骤3）中，可以看到网管系统根据告警的不同级别进行了颜色区分，其中严重告警使用红色，并支持声音告警，告警声音可定制。

（3）ONU 掉电告警监测测试。测试步骤：

1）现场 EPON 系统安装完成，ONU 正常注册，具备测试条件；

2）根据测试需要配置业务，添加 ONU，ONU 注册正常；

3）设置网元的上报告警服务器地址为网管服务器；

4）把 ONU 断电；

189

5）查看相应的告警。

预期结果：

步骤 5）中，当 ONU 掉电后，应产生 Dying Gasp 告警，网管系统应支持 Dying Gasp 告警的检测。

7.3 配电自动化终端无线公网接入通信系统调试

配电自动化终端采用无线公网通信方式接入配电自动化系统主站，无线通信网络主要包括实现数据上传的无线通信模块、SIM 卡、无线公网通信通道以及核心层骨干通信网络组成。具体组网方式如第 2 章所述。一般而言配电自动化系统采用无线公网通信方式，无线通信通道和核心层通信网络（运营商侧）均由无线网络运营商维护。因此，配电自动化终端无线公网接入调试的重点应该是无线通信模块、SIM 卡以及配电自动化终端站点无线网络信号的测试，以保证终端无线接入的运行可靠性。

7.3.1 调试应具备条件

无线通信模块设备现场安装调试前，应对到货的无线通信模块、外置天线、通信电源以及 SIM 卡等主要设备进行到货质量检查。

（1）无线通信模块：

1）无线通信模块外壳应具有一定的机械强度，采用阻燃材质，天线布置应隐蔽、牢固。

2）无线通信模块接口描述、端口类型和数量应与设计要求一样。

3）通信模块必须是模块化设计，支持热插拔功能。通信模块与终端的接口必须有光电隔离，通信模块电源为独立电源并有电源短路保护措施。通信模块软件的无线通信接口部分必须是模块化设计，更换无线模块不影响通信模块本身的性能及运行参数。

4）通信芯片器件采用业界主流厂商工业级产品，具有 GCF/TVCRB 认证证书和国家无线电中心射频性能，正常工作温度范围–30～+70℃，极限工作温度范围–40～+80℃。

5）无线通信模块宜与主板一体化设计，应选用业界主流厂商工业级无线通信芯片，投标方应提供投标所采用的通信芯片生产厂商和型号。

6）配套天线的阻抗应与无线通信芯片匹配，天线的增益应大于 5.0dBi。

（2）SIM 卡性能要求。采用电力专用工业级 SIM 卡。采用电力专用的工业级 SIM 卡，可以大大提高 SIM 卡工作的可靠性，保证 GPRS 通信的稳定。根据项目经验，电力专用工业级 SIM 卡应满足表 7-4 中的要求。

表 7-4　　　　　　　　　　　电力专用工业级 SIM 卡的技术要求

技术项	技 术 要 求
工作温度	−40～+85℃
储存温度	−40～+100℃
工作/储存湿度	10%～90%（25℃无凝结）
使用寿命	正常工作时间：>10 年（正常使用条件） 数据保存时间：>10 年（极端温、湿度条件）
读次数	无限次
擦写次数	擦写次数：>50 万次（25℃）
工作电压	3V/1.8V±10%
静电防护	接触放电±4kV
基材材质	耐高温：工作和储存的最高温度条件下卡不变形 耐低温：工作和储存的最低温度条件下卡不脆化
异常保护	任何时刻异常掉电时不应损坏卡
其他	抗 X 光、紫外线：符合 ISO10373 规范 防振动：符合 JESD22-B103 规范

7.3.2　无线通信模块调试

（1）通信模块应能承受正常运行及常规运输条件下的机械振动和冲击而不造成失效和损坏。

（2）通信模块的设计应能保证在传导和辐射以及静电放电的电磁骚扰影响下不损坏或不受实质性影响。

（3）通信模块不应发生能干扰其他设备的传导和辐射噪声。

（4）通信模块的正常工作电压 DC11～DC28V 之间，平均功率消耗小于 4W。

（5）绝缘强度。输出回路各自对地和电气隔离的各回路之间，应耐受表 7-5 中规定的 50Hz 的交流电压，历时 1min 的绝缘强度试验。试验时不得出现击穿、闪络，泄漏电流应不大于 5mA。

表 7-5　　　　　　　　　　　绝缘强度试验（单位为 V）

额定绝缘电压	试验电压有效值	额定绝缘电压	试验电压有效值
$U \leqslant 60$	500	$125 < U \leqslant 250$	2000
$60 < U \leqslant 125$	1500	$250 < U \leqslant 400$	2500

（6）冲击电压。输出回路各自对地和无电气联系的各回路之间，应耐受如表 7-6 中规定的冲击电压峰值，正负极性各 10 次。试验时无破坏性放电（击穿跳火、闪络或绝缘击穿）。

表 7-6 冲击电压峰值（单位为 V）

额定绝缘电压	试验电压有效值	额定绝缘电压	试验电压有效值
$U\leqslant 60$	2000	$125<U\leqslant 250$	5000
$60<U\leqslant 125$	5000	$250<U\leqslant 400$	6000

（7）通信模块接口。通信模块与配电自动化终端之间通过标准以太网通信接口相连，至少含一路标准 RS232（或 RS485）接口，1 路标准以太网接口（RJ45）。通信模块可支持带电热拔插功能。

（8）无线公网通信模块功能测试：

1）支持 UDP 与 TCP 两种通信方式。通信方式可由主站设定，默认为 TCP 方式。在 TCP 通信方式下，通信模块初始化后和到心跳周期时，主动与中心站心跳 3 次，如不成功则在下一个心跳周期之前不再主动心跳。心跳周期可由主站设置（心跳周期和心跳内容可配置，亦可选择退出，由应用层规约完成主站和终端之间的链路心跳）。

2）支持"永久在线""时段在线"两种工作模式，可由主站设定。

a. 永久在线模式：①通信模块上电或与主站失去链接后，应立即尝试与主站建立链接。登录失败后，根据可设定的"重拨间隔"申请下一次登录，若间隔时间未到，除非有外界干预，通信模块不能登录。②通信模块与主站成功建立链接后立即发出心跳，并按照可设定的"心跳周期"重复进行。

b. 时段在线模式：①时段在线模式下，通信模块同时具备被动激活、主动激活（事件上报）、时段在线方式。②在线时段（可设定、可为多个也可为空）的起始时间到达时，立即尝试与主站建立链接，登录失败后，根据可设定的"重拨间隔"申请下一次登录。③允许上报的事件（可设定）发生并且通信模块此时不在线时，立即尝试与主站建立链接并上报事件。④通信模块接收到主站发出的激活命令（短信）后，立即尝试与主站建立链接。

3）通信模块应具备通信超流量保护功能，上行通信流量门限可以由主站设置。若当日已发生的流量超过通信流量门限值时，通信模块应主动向主站发送日（月）通信流量超限事件记录，然后向主站发退出登录命令帧后下线。下线的通信模块应于次日零时主动登录上线。

7.3.3 无线通信网络现场调试

1. 无线信号测试

（1）链路预算。链路预算的任务是在满足业务质量需求的前提下，计算出信号在传播中允许的最大路径损耗，然后根据合适的传播模型得到小区的覆盖范围。链路预算需要考虑通信链路中可能遇到的所有损耗和增益，包括：衰落储备（通常在 6～15dB）和环境储备（室外通信 5dB 和室内通信 25dB 之间）等。

配电自动化无线网络通信系统中链路预算需要考虑多种应用技术的影响，同时要考虑无线通信实际工作的频段，电波的传输损耗和受地物的影响，一般而言为了确保配电自动化终端采用无线通信的应用效果，配电自动化终端侧无线网络信号的接收功率不小于−98dBm。

（2）无线信号强度测试。配电自动化系统现场调试中，无线公网的信号强度测试一般而言可用手机和配电自动化终端自带的信号监测软件进行测试，如信号强度显示较弱，一般而言在城市地下室或偏远农村郊区，会出现无线公网信号的覆盖强度不够或者根本无信号覆盖情况。

在进行配电自动化终端现场测试的过程中，如发现无线信号强度较弱或无覆盖情况的站点，要对部分站点采用高增益天线，部分站点由移动运营商做信号增强，保证采用无线公网通信的配电自动化终端的在线率。

2. 业务功能测试

（1）测试准备：

a. 地点分布：对于配电站自动化无线网络测试，测试选择定点测试的方法，测试地点即配电自动化终端安装地点，一般为环网柜、柱上开关或者配电变压器周围。

b. 测试位置：要求在测试前测量当前位置的无线信号，避免在测试过程中出现频繁重选（重选次数控制在 3～4 次之内）。

c. 测试要求：每次测试前，需查看小区的信号强度，能够满足无线网络模块与配电自动化系统主站的正常通信。

（2）现场网络测试：

1）TCP、UDP 连接测试。

a. 测试目的：测试配电自动化终端无线通信模块能够正常与主站建立传输层连接。

b. 测试过程：①配电自动化终端设定与运营商提供 SIM 对应的 APN 网络

域名，设定主站 IP 地址和端口号；②配电自动化终端能够正常连接运营商 GGSN，获取指定的 IP 地址；③主站与终端建立 TCP（或 UDP）连接，能够正常进行应用层的通信规约数据交互。如能够正常进行应用层通信，则表示网络连接正常。

c. 注意事项：APN 网络域名要与 SIM 对应的移动网络运营商对应，配电自动化终端通过制定的端口号和链路地址与主站相连，如配电自动化系统主站作为服务端，要确保配电自动化系统主站服务端口正常打开。

2）PING 平均时延测试。

a. 测试目的：测试无线通信网络正常运行时的 PING 包时延。

b. 测试过程：配电自动化终端与主站能够正常连接，配电自动化终端与主站均分配固定 IP 地址，在配电自动化系统主站上进入 CMD 命令界面，对配电自动化终端的 IP 进行 PING 包操作（也可从终端利用超级终端对主站发起 PING 命令）。PING 包保持 3min，并统计 PING 包的平均时延。

c. 注意事项：PING 测试中，每次 PING 测试（成功或超时）间隔为 8s，PING 超时时间为 5s（在现实无线环境不好的时候出现 5s 时延还是比较常见的，定义 5s 为超时失败会导致失败率高，在满足配电自动化系统功能要求的基础上可修改为 8s）。

图 7-18　PING 平均时延及丢包率测试

8

配电自动化系统联调

8.1 配电自动化系统联调条件

配电自动化系统联调应具备以下条件：

（1）配电自动化系统主站：安装调试完毕，并已完成相应软硬件配置，具备配电自动化相应的功能，满足实际配电自动化终端接入能力。

（2）配电通信网络：已经完成测试，配电自动化系统主站能接收到终端设备的信号，具备接入条件，通信信号满足实时性、可靠性等要求。

（3）配电自动化终端和一次设备：一次设备已按照配电自动化需求完成改造，加装电动操动机构，具备同配电自动化终端的接口等。配电自动化终端设备和一次设备静态调试完毕并完成现场安装，一次设备已经完成交接性试验，具备停送电条件。

（4）其他：

1）联调试验人员到位，联调试验安排就绪。

2）联调试验所需要的电源具备条件，联调试验仪器合格完好。

8.2 配电自动化系统联调内容

配电自动化系统联调是将配电自动化终端、通信通道、配电自动化系统主站等作为一个系统开展整体调试工作，主要包括：现场配电自动化终端接入主站的整体传动试验、配电自动化系统性能测试、信息交换总线接口功能及性能测试、馈线自动化测试等。

8.2.1 配电自动化终端接入配电自动化系统主站试验

1. 配电自动化终端设备与一次设备联调

配电自动化终端设备单体调试主要对终端的功能及相关配套的电源、电流互感器及二次回路进行试验，主要包括：外观部分及机械部分检查、绝缘电阻测试、装置电源的试验、通电检验、通信及维护功能试验、开关量输入检验、交流采样检验、保护定值试验、遥控操作试验、TA 特性试验等试验项目，其中二次回路的相关校验要结合一次设备开展，确保整个二次回路的正确性。调试具体项目可以结合静态调试进行精简，避免重复试验。

2. 配电自动化终端接入配电自动化系统主站试验

完成了配电自动化终端设备调试后，在配电自动化通信通道建设完成后就可以开展配电自动化终端接入配电自动化系统主站的试运行。在完成设备的单体调试后，现场设备接入前还应进行复核性试验，试验主要包括远方的遥控操作、电流互感器二次回路通流试验、实际设备间隔编号与主站图模编号核对。在完成复核性试验后即可对设备送电试运行，在设备送电后还应使用钳形相位表对二次的电流、电压回路的幅值、相位进行校验，避免出现接触不良、电流互感器极性安装错误等情况。

8.2.2 配电自动化系统性能测试

配电自动化系统性能测试是通过将实际通信系统、一次设备、二次设备等接入配电自动化系统主站，可以通过现场加量、操作开关等方式对配电自动化系统主站的画面调阅响应时间、模拟量、状态量、遥控、配电 SCADA 等性能指标开展测试。配电自动化系统主要性能测试技术指标见表 8-1。

表 8-1　　　　　　　　　　　配电自动化系统性能技术指标

序号	指标	性 能 要 求
1	安全性	安全分区、纵向认证措施及操作与控制是否符合二次系统安全防护要求
2	冗余性	热备切换时间≤20s
3		冷备切换时间≤5min
4	计算机资源负载率	CPU 平均负载率（任意 5min 内）≤40%
5		备用空间（根区）≥20%（或是 10G）
6	系统节点分布	可接入工作站数≥40
7		可接入分布式数据采集的片区数≥6 片区
8	I、III 区数据同步	信息跨越正向物理隔离时的数据传输时延<3s
9		信息跨越反向物理隔离时的数据传输时延<20s
10	画面调阅响应时间	90%画面<4s
11		其他画面<10s

序号	指标	性 能 要 求
12	模拟量	遥测综合误差≤1.5%
13		遥测合格率≥98%
14		遥测越限由终端传递到主站：光纤通信方式<2s，载波通信方式<30s，无线通信方式<15s
15	状态量	遥信动作正确率≥99%
16		站内事件分辨率<10ms
17		遥信变位由终端传递到主站：光纤通信方式<2s；载波通信方式<30s；无线通信方式<15s
18	遥控	遥控正确率99.9%
19		遥控命令选择、执行或撤消传输时间：光纤通信方式<2s；载波通信方式<30s；无线通信方式<15s
20	配电SCADA	可接入实时数据容量≥200000
21		可接入终端数（每组分布式前置）≥2000
22		可接入控制量≥6000
23		实时数据变化更新时延≤3s
24		主站遥控输出时延≤2s
25		事件记录分辨率≤1ms
26		历史数据保存周期≥2年
27		事故推画面响应时间≤10s
28		单次网络拓扑着色时延≤5s
29	负荷转供	单次转供策略分析耗时≤5s

在性能上，表 8-1 所列的主要时间性技术指标要逐项严格测试，可以考虑采用编制相应的计时测试软件进行测试,常用数字式毫秒计等计时器进行测试。

8.2.3　信息交互总线一致性测试

配电自动化信息交换是符合 IEC 61968 标准和消息机制的消息中间件服务，用以消除配电自动化与相关信息系统之间的差异，实现跨系统的配电业务互动与整合。配电自动化系统应通过信息交换总线实现与电网空间信息服务平台、生产管理系统 PMS、营销业务应用系统、调度自动化系统之间的信息交互。

信息交换总线应地市级部署，实现双总线架构，通过地市级部署的 I 区总线与部署在 I 区的调度自动化系统实现信息交互；通过地市级部署的 III 区总线与部署在 III 区的应用系统进行信息交互。对于配电自动化系统与省级部署的应用系统之间的信息交互，应采用省级代理方式，如地市级 III 区总线通过省级代理与企业服务总线 ESB 连接，并通过 ESB 实现与电网 PMS2.0、营销等省级应用系统之间的信息交互。总线具备基于正反向物理隔离装置的跨安全区信息交互能力，并且支持多套正反向隔离装置的负载均衡功能。配电自动化信息交互部署要求见图 8-1。

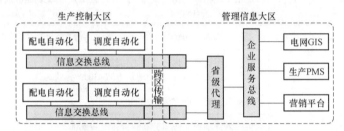

图 8-1　配电自动化信息交互部署要求

信息交互总线一致性测试是对配电自动化信息交互相关的系统功能、服务接口及交互数据进行测试，检验其是否满足相应的标准、规范和模型要求，分为交互一致性测试和信息一致性测试。交互测试包括传输与封装层面的核心交互功能、服务接口与性能测试，以及即插即用、业务编排、跨区传输、可视化管控等应用层面的功能测试与评估；信息一致性测试指配电自动化"图、模、数"等交互数据的信息模型与版本、消息语义与格式、数据内容与应用一致性等方面的测试与验证。配电自动化系统与其他系统接口类型如图 8-2 所示。

配电自动化系统与其他系统的接口测试包括实时数据接口测试、历史数据接口测试、空间属性与拓扑关系测试。

针对不同的接口内容，通过以下叙述来介绍目前最常用的几种接口的实现方式，以及测试时必须注意的方面。

（1）实时数据接口。若配电自动化系统主站是数据的提供者，外部程序可以直接或间接调用 DMS 支撑平台提供的实时数据库接口函数，根据自己的需要获取对应的实时量即可。但这要求在外部系统的接口机（一般是网关）上启

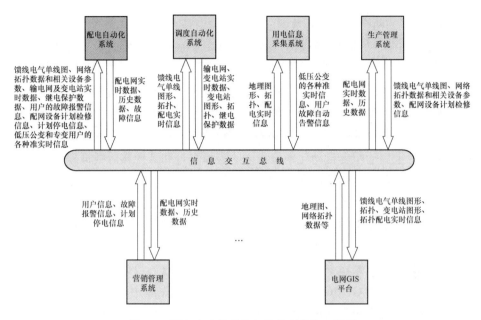

图 8-2　配电自动化系统与其他系统接口类型

动配电自动化系统主站的支撑平台和其他实时数据库接口函数要求的环境。若配电自动化系统主站是数据的接受者，配电自动化系统主站同样也可以利用发送系统提供的接口函数获取本身需要的数据。

通过各种通信方式间接传递，按一定的规约发送和接收数据。其中的通信方式一般有以下几种：

1）TCP/IP 直接网络编程方式；

2）串口规约转发方式；

3）借助中间件如 CORBA、COM+等技术传递数据、规约；

4）在交互数据量不多的情况下，可以把配电自动化系统主站或外部系统模拟成一个智能终端，对于数据发送者来说，自身就作为一个远程配电自动化终端；而对于数据接收者，这些数据和其他从 DTU、FTU 等设备上穿过来的数据无任何差别。

配电自动化系统与其他系统通过以上几种通信方式实现互联时，在实时数据接口的测试中，要注意观察以下几个方面：

1）互联的两个系统实时遥测数据的刷新是否保持一致，数据的延迟时间多长；

2）互联的两个系统遥信变位是否保持一致，遥信变位的延迟时间多长；

3）互联的两个系统实时数据显示的覆盖率是否一致；

4）互联的两个系统实时数据发生变化时，增加或减少实时量是否能保持同步更新。

（2）历史数据接口。交互方式和实时数据类似，若配电自动化系统主站是数据的提供者，外部程序可以直接或间接调用 DMS 支撑平台提供的数据库接口函数，根据自己的需要获取商业数据库中的实时量即可。但这要求在外部系统的接口机上启动配电自动化系统主站的支撑平台和其他实时数据库接口函数要求的环境。若配电自动化系统主站是数据的接受者，配电自动化系统主站同样也可以利用发送系统提供的接口函数获取本身需要的数据。

在对方数据库中的表结构公开的情况下，可以通过商业数据库提供的接口函数读取；如 SYBASE 提供的 CT-Library 库，ORACLE 提供的 OCI 库都可以方便的读取对应数据库中的数据。在 NT 系统中，对方数据库中的表结构公开的情况下，可以使 ODBC 的方式，直接读取对应数据库中的数据。

配电自动化系统与其他系统实现互联时，在历史数据接口的测试中，要注意观察以下几个方面：

1）互联的两个系统历史数据的读取对应数据库中的数据是否保持一致，数据的延迟时间多长；

2）互联的两个系统历史数据发生变化时，增加或减少历史数据是否能保持同步更新。

（3）设备参数接口。从技术上说，设备参数接口和历史数据接口类似，都是读取对方商业数据库中的记录进行处理，但是由于配电自动化系统主站和外部系统的电力系统模型并不完全一致，如有的系统用字符编码唯一确定一个设备，而有的系统则用一个 ID 整数唯一代表一个设备，设备参数和拓扑数据接口就变得异样复杂起来。所以转换之前，接口双方必须仔细推敲双方的模型，找到关联点，确定接口方案。一旦有了接口方案，具体到应用程序级的接口和历史数据接口已无差别。

在接口方案确定的情况下，主要有以下几种接口方式：

1）数据库级解决方式。利用现代数据库技术达到相互访问的目的，应用程序不再区分所读数据是配电自动化系统主站自身的，还是外部系统的。如通过利用数据库中的远程对象或远程视图在 DMS 数据库中建立对外部服务器数据的镜像。一般在两边数据模型基本一致时可以采用这种方式。这种方式有时也用于历史数据的接口。但采用这种方式时，一旦一方停机，将影响另一方程序的运行。

2）应用级解决方式。当两边模型不一致，在转换时必须通过必要的干预，如设置对应关系等，或要求两系统正常运行时不相互影响，这就必须写相应的转换程序，自动处理这些转换。由于配电自动化系统主站中管理的设备参数非常多，日常又经常需要更新设备库，若都把所有的数据进行转换是非常费时间的，而要实时转换设备参数，又使两套系统结合的过于紧密，所以发送数据方必须设置设备参数和拓扑数据的更新日志表，转换程序根据更新日志表来增量地转换新改变地设备参数。

配电自动化系统与其他系统实现互联时，在设备参数和拓扑数据接口的测试中，要注意观察以下几个方面：

1）互联的两个系统设备参数和拓扑数据的读取对应系统中的数据是否保持一致，数据的延迟时间多长；

2）互联的两个系统设备参数和拓扑数据发生变化时，增加或减少数据是否能保持同步更新。

（4）图形交互。SCADA 系统中所使用的单线图的图形格式一般由厂家自行定义，因此其格式大都不统一，GIS 系统中使用的图形格式由 GIS 平台供应商定义，也有多种格式，在配电自动化系统主站应用时，常常涉及到在线应用的单线图与 GIS 应用的空间属性图形之间的信息交互，因此，配电自动化系统主站中涉及到大量的图形交换过程。

因为图形一般在配电自动化系统主站中都以文件形式存储，或是按自己特有格式存储在数据库中，一般无法直接通过数据库的技术进行转换，需要根据双方约定编制程序来处理。一般有以下几种方式：

1）图形提供者公布自身图形文件的格式说明，由图形接收者直接访问。

2）双方认可一种中间格式进行倒转，即先由图形提供者转成双方都承认的中间格式，图形接收者再从中间格式转换为自身的格式。目前图形常用的中间格式有 shapefile 和 SVG（Scalable Vector Graphics）。SVG 其实是一种开放标准的矢量图形描述语言。shapefile 是 ESRI 公司用于 GIS 系统的一种格式。采用这两种格式双方图元的几何属性，就由数据格式本身所确定了，但双方还需要协商双方图元的其他属性，如设备属性等。

配电自动化系统与其他系统实现互联时，在图形交互的测试中，要注意观察以下几个方面：

1）互联的两个系统图形转换中读取对应系统中的图元是否保持一致，图形读取的延迟时间多长。

2）互联的两个系统图形的转换中，局部和整体的图形比例保持一致。

3）互联的两个系统图形的转换中，增加或减少图元，整体的图形是否能保持同步更新。

（5）性能指标要求（见表8-2）。

表 8-2　　　　　　　　　　　配电自动化信息交换总线性能指标

内　　　　容		指标
可用性	服务器设备年可用率	≥99.9%
系统可靠性指标	系统平均无故障运行时间（MTBF）	≥50000h
容量指标	可同时接入的系统数量	≥30 个
	可同时支持的应用服务或消息类型数量	≥300 个
	支持的最大单体消息体积	≥100MB
传输效率	100KB 大小消息穿越安全隔离区	≥2 条/s
	100KB 大小消息不穿越安全隔离区	≥10 条/s
	1MB 大小消息穿越安全隔离区	≥1 条/s
	1MB 大小消息不穿越安全隔离区	≥5 条/s
	10MB 大小消息穿越安全隔离区	≥1 条/5min
	10M 大小消息不穿越安全隔离区	≥1 条/1min
并发能力	可支持并发请求数量（100KB 消息）	≥300 个
	可支持并发请求数量（300KB 消息）	≥200 个
	可支持并发请求数量（1MB 消息）	≥100 个
	可支持并发请求数量（3MB 消息）	≥50 个
	可支持并发请求数量（10MB 消息）	≥20 个
	可支持并发请求数量（30MB 消息）	≥10 个

8.2.4　馈线自动化（FA）系统测试

（1）FA 测试系统构成。测试系统采用带 GPS 同步时钟的继电保护测试仪、主站故障注入式模拟软件系统作故障信号的两个来源。测试系统通过将继电保护测试仪的输出接入配电自动化终端的遥测电流输入，将配电自动化终端通过通信通道接入实际配电自动化系统主站开展测试。通过现场配电自动化终端模拟和配电自动化系统主站注入式测试系统相互结合的方式模拟典型的三联络的电缆线路和三联络的架空线路，开展 FA 系统测试。如图 8-3、图 8-4 所示。

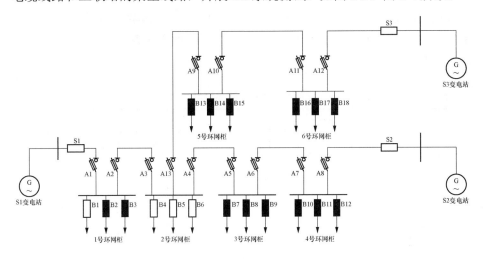

图 8-3　典型电缆馈线模型 FA 测试

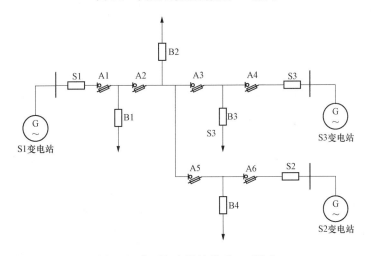

图 8-4　典型架空馈线模型 FA 测试

故障信号的模拟：故障信号由继电保护数字仿真及测试仪产生，该设备作为馈线自动化功能测试装置，具备再现电力系统故障的能力。该故障信号直接施加于配电自动化终端的 TA 信号输入端子上，可保证快速、有效地产生各种故障信号。为了搭建典型的 FA 测试模型，单纯依靠继电保护测试仪加故障量，现场操作性不强，因此对于部分参与 FA 故障分析的配电自动化终端可以采用主站故障注入式模拟软件系统进行模拟。

（2）FA 测试方法及内容。FA 测试的主要内容为故障定位、隔离及非故障区域恢复供电测试，具体包括网络拓扑功能测试；故障隔离、定位及非故障区域恢复的功能测试；FA 时间性测试和 FA 的可靠性测试等。主要测试项目、故障类型及测试内容如表 8-3 所示。

表 8-3   FA 测试方法及内容

测试项目	故障类型	测 试 内 容
电缆线路 故障处理测试	A. 环网柜母线故障 B. 馈线故障 C. 负荷侧故障	针对给定的电缆配电网，采用 DTU 与注入测试系统配合的方式模拟多处故障现象，测试配电自动化系统主站的故障信息指示、故障定位、故障处理策略和自动故障处理
架空线路 故障处理测试	A. 馈线故障 B. 负荷侧故障	针对给定的架空配电网，采用 FTU 与注入测试系统配合的方式模拟多处故障现象，测试配电自动化系统主站的故障信息指示、故障定位、故障处理策略和自动故障处理
多重故障 处理测试	电缆线路 A+B； 架空线路 A+B	针对给定的电缆和架空配电网，采用 DTU、FTU 与注入测试系统配合的方式模拟多处故障现象，测试配电自动化系统主站的多重故障处理性能
故障处理 健壮性测试	馈线故障有漏报； 馈线故障开关拒分	采用 DTU、FTU 与注入测试系统配合的方式模拟典型故障现象，并设置信息漏报和开关拒动现象，测试配电自动化系统主站的故障处理性能

1）网络拓扑功能测试。在进行故障定位功能测试之前首先要进行网络拓扑功能测试，需要对馈线自动化相关参数进行配置，包括馈线故障定位、隔离参数、故障检测参数、配电自动化终端开关分配、网络重构开关参数和变电站出口保护类型参数等。

网络拓扑功能测试可以部分地验证故障定位运行参数的正确性，同时可以验证 FA 的基础软件网络拓扑的正确性。

具体的测试方法是可以通过编制的网络拓扑测试程序，将供电路径通过线路着色显示在测试程序界面上，对每一个开关分/合闸依次来验证拓扑的正确性。

2）故障定位、隔离功能测试。测试当线路某点发生故障时，FA 软件应该能够准确实现故障定位，并通过故障点相邻开关将故障点隔离。

3）测试内容包括：单点故障、多点同时故障，线路拓扑结构变化后发生单点故障、多点同时故障。线路拓扑结构变化包括联络开关位置改变，增加分支线路等运行方式的变化，从而保证 FA 软件的灵活性。

故障类型包括单线接地故障、两相短路、两相接地短路、三相短路、单相断线、两相断线、三相断线、单相断线电源侧接地、单相断线负荷侧接地、两点不同相单相接地故障。

4）非故障区域恢复功能测试。故障隔离成功后，如只有一个转供路径且没有超出配电子站监控范围的简单的运行方式下，FA 软件可直接通过配电子站进行恢复，若有多条转供路径，在需要进行技术经济比较的情况下，需要通过主站的网络重构优化技术来得到转供路径进行恢复供电。恢复方式有自动恢复和半自动恢复。测试内容包括自动恢复、半自动恢复、配电子站进行恢复、主站恢复等。

5）时间指标测试。在 FA 的功能性测试的同时将故障发生到正确隔离、恢复各阶段的时间记录下来，以便进行 FA 时间指标的测试。

6）可靠性测试。可靠性测试是检验 FA 软件在各种干扰情况下，FA 功能的执行情况，包括通信中断、开关拒动对故障隔离与恢复的影响等。

a. 故障处理时，通信不正常可以分成两种情况：一种是通信线路中一点故障，可以通过其他路径自愈成功时，FA 的处理测试；另一种情况是整个通信线路通信正常，但某一配电自动化终端与其他装置通信故障的 FA 处理测试。

b. 故障处理时，若发生开关拒动，FA 程序应该自动根据拓扑搜索下一级相邻开关进行故障隔离、恢复。

现场联调内容结束后，从配电自动化系统主站采用遥控操作的形式送电，送电后完成带负荷检查等现场检查内容。

9

配电自动化系统验收

为确保配电自动化工程建设质量，有效落实配电自动化建设成效，需要对配电自动化工程进行交接验收。配电自动化系统验收应坚持科学、严谨的工作态度，验收测试人员应具备相应的专业技术水平，使用专业的测试仪器和测试工具，并做好验收测试和验收记录。

配电自动化系统验收工作分为工厂验收 FAT（Factory Acceptance Test）、现场交接验收 SAT（Site Acceptance Test）以及工程化验收 PAT（Project Acceptance Test）和实用化验收 AAT（Application Acceptance Test）四个环节。验收工作应按阶段顺序进行，前一阶段验收合格通过后，方可进行下一阶段验收工作。配电自动化系统验收应包括配电自动化系统主站、配电自动化终端、配电通信系统等环节的整体验收。本章主要介绍四个验收阶段应具备的验收条件、验收流程、验收内容和验收要求等，具体详细方法在前面几章已经介绍，不再重复介绍。

9.1　配电自动化系统验收概述

工厂验收是指配电自动化系统通过工厂预验收后、在出厂前所进行的验收检验。主要检验配电自动化系统集成、功能及性能在工厂模拟测试环境下是否满足项目合同技术文件的具体要求，包括配电自动化终端、通信设备在出厂前所进行的设备验收检验。

现场验收是在施工、调试单位完成系统安装调试的基础上，运行单位对配电自动化系统主站、配电自动化终端、通信系统所开展的验收测试。其主要内容为检验配电自动化系统在现场验收环境中的功能和性能是否满足项目合同技术文件的具体要求，全系统是否满足整体试运行的条件。

工程化验收是指依据批复的配电自动化建设改造技术方案，对配电自动化系统主站、配电自动化终端和配电通信系统的硬件、功能性能和稳定性等开展测试，对终端、通信设备现场安装工艺、配电自动化系统主站机房等进行验收。还需对配电自动化建设和运行的组织管理制度进行验收，内容包括管理体系、技术体系、运维体系、验收资料等。配电自动化系统通过工程化验收后，系统进入试运行阶段。

实用化验收指配电自动化系统投入试运行半年以上，并至少有3个月连续完整的运行记录后所进行的项目最终考核验收，工作内容包括配电自动化系统运维体系、验收资料、考核指标、实用化应用等内容。实用化验收测试的重点是考核配电自动化系统是否满足投入正常生产运行要求。

9.2 工 厂 验 收 （FAT）

9.2.1 应具备条件

（1）被验收方已搭建了模拟测试环境，提供专业的测试设备和测试工具。

（2）制造单位已编制并提交技术手册、使用手册和维护手册。

（3）制造单位提交机柜组屏及布置图，并经设计单位、建设单位审核确认。

（4）建设单位的系统运行维护人员、调度员等相关人员的工厂培训已完成，所有被培训人员的技术考试和应用操作考评成绩合格。

（5）制造单位完成系统工厂预验收，提供系统出厂检验报告及产品合格证，并达到项目技术文件及相关技术规范的要求，编制并提交工厂预验收报告和工厂验收申请报告，并经建设单位审核通过。

（6）编制完成工厂验收大纲，并经验收工作组审核确认后，形成正式文本。

9.2.2 验收流程（见图9-1）

9.2.3 验收内容

（1）工厂验收测试（配电自动化系统主站部分）。按照表9-1～表9-5对配电自动化系统主站的性能及功能等进行评价，评价中发现的每一项缺陷和偏差应分别填写缺陷记录索引表、缺陷记录报告和偏差记录索引表、偏差记录报告。

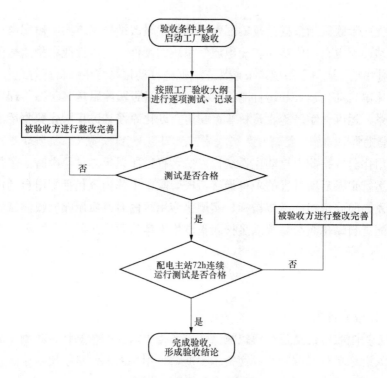

图 9-1　工厂验收流程图

表 9-1　　　　　　　　　　　　**系统主站性能评价表**

序号	验收项目		要　　求	备注
1	系统性能 交接试验	安全性	安全分区、纵向认证措施及操作与控制是否符合二次系统 安全防护要求	
2		冗余性	热备切换时间≤20s	
3			冷备切换时间≤5min	
4		计算机资 源负载率	CPU 平均负载率（任意 5min 内）≤40%	
5			备用空间（根区）≥20%（或是 10G）	
6		系统节点 分布	可接入工作站数≥40	
7			可接入分布式数据采集的片区数≥6 片区	
8		Ⅰ、Ⅲ 区数 据同步	信息跨越正向物理隔离时的数据传输时延<3s	
9			信息跨越反向物理隔离时的数据传输时延<20s	
10		画面调阅 响应时间	90%画面<4s	
11			其他画面<10s	

序号	验收项目		要　求	备注
12		模拟量	遥测综合误差≤1.5%	
13			遥测合格率≥98%	
14			遥测越限由终端传递到主站：光纤通信方式<2s，载波通信方式<30s，无线通信方式<15s	
15		状态量	遥信动作正确率≥99%	
16			站内事件分辨率<10ms	
17			遥信变位由终端传递到主站：光纤通信方式<2s；载波通信方式<30s；无线通信方式<15s	
18		遥控	遥控正确率99.9%	
19			遥控命令选择、执行或撤消传输时间：光纤通信方式<2s；载波通信方式<30s；无线通信方式<15s	
20	系统性能交接试验	配电SCADA	可接入实时数据容量≥20 0000	
21			可接入终端数（每组分布式前置）≥2000	
22			可接入控制量≥6000	
23			实时数据变化更新时延≤3s	
24			主站遥控输出时延≤2s	
25			事件记录分辨率≤1ms	
26			历史数据保存周期≥2年	
27			事故推画面响应时间≤10s	
28			单次网络拓扑着色时延≤5s	
29		馈线故障处理	系统并发处理馈线故障个数≥20个	
30			单个馈线故障处理耗时（不含系统通信时间）≤5s	
31		负荷转供	单次转供策略分析耗时≤5s	

表 9-2　　　　配电自动化系统主站功能评价表

序号	验收试验项目		要　求	备注
1	平台服务	支撑软件	关系数据库软件	
2		数据库管理	数据库维护工具；数据库同步；多数据集；离线文件保存；带时标的实时数据处理；数据库恢复	
3		数据备份与恢复	全数据备份；模型数据备份；历史数据备份；定时自动备份；全库恢复；模型数据恢复；历史数据恢复；数据导出	

序号	验收试验项目		要 求	备注
4	平台服务	多态多应用	具备实时态、研究态、未来态等应用场景；各态下可灵活配置相关应用；多态之间可相互切换	
5		权限管理	层次权限管理；权限绑定；权限配置	
6		告警服务	告警动作；告警分流；告警定义；画面调用；告警信息存储、打印	
7		报表功能	支持实时监测数据及其他应用数据；报表设置、生成、修改、浏览、打印；针对报表数据进行数学运算；按日、月、年生成各种类型报表；定时统计生成报表	
8		人机界面	界面操作；图形显示；交互操作画面；数据设置、过滤、闭锁；多屏显示、图形多窗口、无级缩放、漫游、拖拽、分层分级显示；设备快速查询和定位；国家标准一级字库汉字及矢量汉字；人机界面应遵循 CIM/E、CIM/G，支持相关授权单位远程调阅	
9		系统运行状态管理	节点状态监视；软硬件功能管理；状态异常报警；在线、离线诊断工具；冗余管理、应用管理、网络管理	
10		Web 发布	网上发布；报表浏览；权限限制	
11	配电SCADA功能	数据采集	满足配电网实时监控需要；各类数据的采集和交换；广域分布式数据采集，大数据量采集；支持多种通信规约；支持多种通信方式；错误检测功能；符合国家电力监管委员会电力二次系统安全防护规定	
12		数据处理	模拟量处理；状态量处理；非实测数据处理；数据质量码；统计计算	
13		数据记录	事件顺序记录（SOE）；周期采样；变化存储	
14		终端管理应用	运行工况监视分析、在线率实时统计、参数远程设置；终端后备电源远程管理；运行工况统计；通信通道流量统计与异常报警	
15		操作与控制	人工置数；标识牌操作；闭锁和解锁操作；远方控制；防误闭锁	
16		事故反演	事故反演的启动和处理；事故反演	
17		智能告警分析	告警信息分类；告警智能推理；信息分区监管及分级通告；告警智能显示	
18		系统时钟和对时	优先采用北斗天文钟对时；对时安全；终端对时；SNTP对时	
19	模型/图形管理	网络建模	图库一体化自建模；外部系统信息导入建模；全网模型拼接	
20		模型校验	按照馈线、变电站方式范围的模型校验；单条馈线拓扑校验；区域电网拓扑校验；校验结果可观测	

序号	验收试验项目		要 求	备注
21	模型/图形管理	设备异动	多态模型切换、比较、同步和维护；多态模型的分区维护统一管理；投运、未运行、退役全过程设备生命周期管理	
22	馈线自动化	馈线故障定位、隔离及恢复	故障定位、隔离及非故障区域的供电恢复；故障处理安全约束；故障处理控制方式；集中型与就地型故障处理的配合；支持并发处理多个故障；故障处理信息查询；支持分布式电源接入的故障处理；信息不健全情况下的容错故障处理；应支持人工预设、调整、优化处理方案等辅助功能	
23	拓扑分析	网络拓扑分析	适用于任何形式的配电网络接线方式；电气岛分析；电源点分析；支持人工设置运行状态；支持设备挂牌、临时跳接对网络拓扑的影响；支持多态网络模型拓扑分析	
24		拓扑着色	电网运行状态着色；供电范围及供电路径着色；动态电源着色；负荷转供着色；故障区域着色；变电站供电范围着色	
25		负荷转供	负荷信息统计；转供策略分析；转供策略模拟；转供策略执行	
26		停电分析	停电信息分类；停电信息统计；停电范围分析；停电信息查询；停电信息发布	
27	故障研判	故障研判分析	故障影响停电范围、停电原因，停电重要用户分析；故障综合描述、展示	
28	系统交互应用	系统接口软件	与 GIS 系统接口；与调度自动化系统接口；与设备（资产）运维精益管理系统接口；与 OMS 系统接口	
29	扩展功能	自动成图	配网 CIM 模型识别以及 SVG 图形生成和导出；多类图形的自动生成；自动化布局增量变化；对自动生成的衍生电气图进行编辑和修改	
30		操作票	智能识别设备状态；开票、操作预演、执行自动模拟；安全防误校核；统计功能	
31		状态估计	计算各类量测的估计值；配电网不良量测数据的辨识；人工调整量测的权重系数；多启动方式；状态估计分析结果快速获取	
32		潮流计算	实时态、研究态电网模型潮流计算；精确潮流计算和潮流估算；进行馈线电流越限、母线电压越限分析	
33		解合环分析	实时态、研究态电网模型合环分析；合环路径自动搜索；合环稳态电流值、环路等值阻抗、合环电流时域特性、合环最大冲击电流值计算；合环操作影响分析；合环前后潮流比较	
34		负荷预测	支持自动启动和人工启动负荷预测，多日期类型负荷预测，考虑气象对负荷预测的影响；多预测模式对比分析；计划检修、负荷转供、限电等特殊情况分析	

序号	验收试验项目		要　　求	备注
35	扩展功能	网络重构	支持实时态、研究态的计算；提高供电能力；降低网损	
36		安全运行分析	网架结构、运行方式合理性分析；重载、过载线路或配电变压器分析预警；重要用户安全运行风险预警	
37		自愈控制	风险预警；校正控制，包括预防控制、校正控制、恢复控制、紧急控制等；容错故障定位；配电网大面积停电情况下的多级电压协调、恢复功能；大批量负荷紧急转移的多区域配合操作控制	
38		分布式电源接入与控制	公共连接点、并网点的模拟量、状态量及其他数据的采集；对采集数据进行计算分析、数据备份、越限告警、合理性检查和处理；控制分布式电源的投入/退出	
39		经济优化运行	分布式电源接入条件下的经济运行分析；负荷不确定性条件下对配电网电压无功协调优化控制；在实时量测信息不完备下的配电网电压无功优化控制；配电设备利用率综合分析与评价	
40		仿真培训	调度员预操作仿真；系统运行参数及功能可用性校验仿真；学员培训；培训管理	
41		工单管理	接收 95598 客户停电报修信息并进行分析；抢修工单派发，抢修进度反馈信息；同一抢修工单引起的报修信息进行工单合并	
42		计划停电范围分析	停电计划或临时停电计划的导入及变更；停电计划停电设备、停电用户分析；停电信息发布给相关系统	
43		基于 GIS 的抢修调度综合展示	在地理图上全景展现当前、历史的抢修实时信息和统计分析结果	

表 9-3　　　　　　　配电自动化系统主站硬件验收表

序号	验收试验项目	要　　求	备注
1	配电主站硬件	配电主站设备应按照安装设计图纸要求进行上柜	
2		配电主站设备配置应满足设计要求	
3		配电主站设备配置（CPU、内存、硬盘）应满足设计要求	
4		配电主站设备、交换机、物理隔离等应有正确标示	
5		配电主站设备应按照图纸要求进行可靠接地	

表 9-4　　　　　　配电自动化系统主站 72h 连续运行验收表

序号	测试内容	测试结果	测试结果	测试结果
1	系统设备运行状况			

序号	测试内容	测试结果	测试结果	测试结果
2	画面屏幕显示			
3	制表打印			
4	模拟量采集、越限及显示			
5	告警处理			
6	数据运算处理及统计记录			
7	状态量采集及显示			
8	开关变位处理			
9	在线修改参数			
10	系统对时			
11	数字量采集及显示			
12	双机切换			
13	遥控/遥调操作			
14	趋势曲线			
15	事故追忆			
16	事故顺序记录			
17	多层图形			
18	用户特殊要求			

表 9-5　　　　　　　　　　配电自动化系统主站接入规模表

序号	项目	检查规范	检查结果	备注
1	厂站数量	符合设计要求		
2	遥测数量	符合设计要求		
3	遥信数量	符合设计要求		
4	1s 采样数据	符合设计要求		
5	1min 采样数据	符合设计要求		
6	遥控数量	符合设计要求		

（2）工厂验收测试（配电自动化终端部分）。按照表 9-6、表 9-7 对配电自动化终端性能及功能进行评价，评价中发现的每一项缺陷和偏差应分别填写缺陷记录索引表、缺陷记录报告和偏差记录索引表、偏差记录报告。

表 9-6 　　　　　　　　　　站所终端/馈线终端设备工厂验收表

被验收方		验收方		验收人员		验收日期	

1. 终端信息

线路名称		站点名称		站点IP		终端设备型号	终端设备厂家

2. 一次设备信息

一次设备厂家		一次设备型号		一次设备编号		安装位置	

3. 装置外观及结构检查

端子排、连片、电源插头、航空插头位置安装正确，质量良好，数量及安装位置与图纸相符，无接触不良、松动、断裂现象	
金属结构件装配牢固，配合良好，无松动；屏上的开关等控制部件灵活、可靠	
按钮、转换开关、指示灯等辅助设备使用可靠灵活、指示正确无误	
后备电源配置情况	

4. 终端绝缘检查
使用仪器：　　　　　　　　仪器编号：　　　　　　　　仪器有效期至：

电源电路—地		交流电压电路—交流电流	
交流电压电路—地		交流电压电路—直流电压	
交流电流电路—地		交流电压电路—开入电路	
直流电压电路—地		交流电压电路—开出电路	
开入电路—地		交流电流电路—开入电路	
开出电路—地		交流电流电路—开出电路	
电源电路—交流电压		交流电流电路—直流电压	
电源电路—交流电流		直流电压—开入电路	
电源电路—直流电压		直流电压—开出电路	
电源电路—开入电路		开入电路—开出电路	
电源电路—开出电路		开出接点之间	

5. 保护定值检查
使用仪器：　　　　　　　　仪器编号：　　　　　　　　仪器有效期至：

保护定值检查		___间隔	___间隔	___间隔	___间隔	___间隔	___间隔	___间隔	结果
	过流Ⅰ段								
	过负荷								
	零序								

6. 遥信量检查

使用仪器：　　　　　　　　仪器编号：　　　　　　　　仪器有效期至：

		___间隔	___间隔	___间隔	___间隔	___间隔	___间隔	___间隔	___间隔	结果
遥信量检查	远方/就地操作									
	开关位置合位									
	开关位置分位									
	弹簧储能									
	接地刀闸位置									
	交流失电									
	电池欠压									
	SF$_6$压力告警									
	装置异常									
	遥控软压板									
	电池活化									

7. 遥控量检查

使用仪器：　　　　　　　　仪器编号：　　　　　　　　仪器有效期至：

		___间隔	___间隔	___间隔	___间隔	___间隔	___间隔	___间隔	___间隔	结果
遥控量检查	开关分/合闸									
	蓄电池充放电									
	装置远方复位									
	遥控闭锁									

8. 故障检查

使用仪器: 　　　　　　仪器编号: 　　　　　　仪器有效期至:

故障名称	整定值 （大小/时间）	结果 （小于 0.95 倍整定值可靠不动作、大于 1.05 倍整定值可靠动作）					
		___间隔	___间隔	___间隔	___间隔	___间隔	___间隔
A 相过流							
C 相过流							
短路事故总							
接地告警							
过负荷告警							

9. 带负荷检查

使用仪器: 　　　　　　仪器编号: 　　　　　　仪器有效期至:

		___间隔	___间隔	___间隔	___间隔	___间隔	___间隔	___间隔	___间隔	结果
带负荷检查 （主站显示/ 就地显示）	I_a									
	I_c									
	I_0									

试验结论:

复审: 　　　　初审: 　　　　测试员:

表 9-7　　　　　　　　**故障指示器工厂验收表**

验收单位: 　　　　　　验收人员: 　　　　　　验收日期: 　　　　编号:

终端 型号:		终端 名称		产品 编号:		安装位置	
终端额定参数:		电源电压: 相电流:		电压: 零序电流:		程序版本	
配套一次开关:		□负荷开关　□断路器		操动机构类型		□弹簧操动机构　□永磁操动机构 □电磁操动机构	

1. 绝缘电阻检查

使用仪器: 　　　　　　仪器编号: 　　　　　　仪器有效期至:

检查项目	检查规范	数据	检查结果
绝缘电阻	通信终端各接口对地绝缘电阻。符合 DL/T 721		是□ 否□

2. 运行、故障指示灯功能检查

使用仪器: 　　　　　　仪器编号: 　　　　　　仪器有效期至:

运行、故障指 示灯功能	具备运行、告警等指示功能	是□ 否□

3．遥信检查

使用仪器：　　　　　　　　　　仪器编号：　　　　　　　　　　仪器有效期至：

遥信	改变故障指示器外部接口遥信状态，终端能够正常反应并上送变位遥信及 SOE		是□ 否□

4．遥测检查

使用仪器：　　　　　　　　　　仪器编号：　　　　　　　　　　仪器有效期至：

遥测	0.1、0.5、1 倍额定值精度符合技术协议要求。采用大电流发生装置一次加量		0.1 倍	0.5 倍	1 倍	是□ 否□
		I_a				
		I_b				
		I_c				
		$3I_0$				

5．功能检查

使用仪器：　　　　　　　　　　仪器编号：　　　　　　　　　　仪器有效期至：

校时功能	校时通信终端的时间正确						是□ 否□
通信功能	串口、网口与主站连接过程正常；通信通道模拟断开后通信重新连接正常						是□ 否□
故障告警功能	故障	负荷电流（A）	故障电流报警设定值（A）	故障电流测量值（A）	故障电流持续时间（s）	误差（%）　告警结果	是□ 否□
	相间短路						
	接地故障						
自检功能	当手动操作自检（测试）开关时，指示器能自动检测其工况，并能显示自检结果。（电缆型故障指示器）						是□ 否□
其他	技术协议要求其他功能						是□ 否□

9.2.4　验收要求

（1）所有设备型号、数量、配置符合项目合同技术协议书要求。

（2）制造单位提交的技术手册、使用手册和维护手册正确有效，项目建设文件及相关资料齐全。

（3）测试中发现的缺陷和偏差，允许被验收方进行改进完善，但改进后应对所有相关项目重新测试。

（4）若测试结果证明某一设备、软件功能或性能不合格，被验收方应更换不合格设备或改进不合格软件（第三方提供的设备或软件同样适用）。设备更换或软件改进完成后，与该设备及软件关联的功能及性能测试项目应重新测试。

（5）通过连续运行测试，且其重复次数不得超过 2 次。

（6）工厂验收测试结果满足《技术规范》、项目技术文件要求；无缺陷；偏差项总数不得超过测试项目总数的2%。

配电自动化系统工厂验收必须符合以上要求，即可认为通过工厂验收；如有不符合之处，制造单位应进行整改直至符合要求。

9.3 现场验收（SAT）

9.3.1 应具备条件

（1）配电自动化系统主站硬件设备和软件系统已在现场安装、调试完成，配电自动化系统主站各项功能正常。

（2）按照配电自动化工程建设技术方案，配套的配电设备改造、配电通信系统建设已经完成，已接入配电自动化系统主站，配电自动化终端安装完成数量达到技术方案要求。

（3）配电自动化系统已在现场安装调试完毕并投入运行，自系统投运以来，未发生重大故障，如配电自动化系统主站全停、主服务器双机全停、SCADA主要功能丧失等。

（4）配电自动化运维机构、运维保障机制已经建立，人员配备满足运行维护要求。

（5）被验收方已提交与现场安装一致的图纸/资料和调试报告，并经验收方审核确认。

（6）验收资料完备、规范、真实，符合相关标准、规范要求。

（7）被验收方依照项目技术文件进行自查核实，并提交现场验收申请。

（8）被验收方编写现场验收大纲，并经验收方审核确认，作为现场验收测试依据。

9.3.2 验收流程（见图9-2）

9.3.3 验收内容

（1）现场验收测试（配电自动化系统主站部分）。按照表9-1～表9-5分别对配电自动化系统主站的性能和功能等进行评价，评价中发现的每一项缺陷和偏差应分别填写缺陷记录索引表、缺陷记录报告和偏差记录索引表、偏差记录报告。

（2）现场验收测试（配电自动化终端部分）。按照表9-8～表9-14分别对配电自动化终端安装工艺、性能及功能，配电自动化系统主站机房的安装工艺等

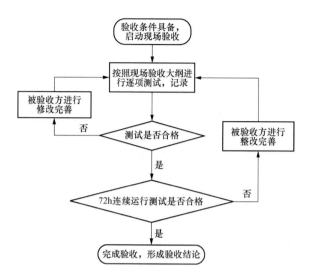

图 9-2 配电自动化系统现场交接验收流程图

进行评价，评价中发现的每一项缺陷和偏差应分别填写缺陷记录索引表、缺陷记录报告和偏差记录索引表、偏差记录报告。

表 9-8   **FTU 终端设备安装工艺验收表**

工程名称				
变电站名称		线路名称		安装杆号
安装地理位置				
通信方式：	□光纤 EPON		□无线 GPRS	□无线 ZegBee

序号	检查项目	检查规范	检查结果	备注
1	终端及通信箱安装高度根据设计要求确定，既要方便日常维护工作，又要高低压有足够的安全距离。终端安装高度合理、安装稳固	离地面 3.2m，端正牢固垂直偏差≤1%	是□ 否□	
2	控制信号电缆敷设时应排列整齐，不宜交叉，控制电缆应采用电力防护电缆，关键部位要穿保护套管后牢固、整齐、美观地固定在电线杆上	参照施工图纸	是□ 否□	
3	终端、通信箱体直接用抱箍垂直安装在电线杆上	符合设计要求	是□ 否□	
4	终端外壳应可靠接地，接地电阻符合设计要求	参照施工图纸	是□ 否□	
5	终端箱体或检查盖应盖好拧紧，确保终端的密封要求	确保终端具备户外防护要求	是□ 否□	

表 9-9 　　　　　　　　　　　　　**DTU 终端设备安装工艺验收表**

工程名称					
变电站名称		线路名称		安装杆号	
安装地理位置					
通信方式	□光纤 EPON		□无线 GPRS	□无线 ZegBee	
序号	检查项目		检查规范	检查结果	备注
1	终端应按照安装设计图纸要求进行安装固定,安装后牢固稳定		符合设计要求	是□　　否□	
2	终端设备应按照图纸要求进行可靠接地		参照施工图纸	是□　　否□	
3	二次电缆敷设符合设计要求,敷设完成后应有封堵措施		符合设计要求	是□　　否□	
4	二次电缆接线应正确、整齐、美观,线号标识正确规范		符合设计要求	是□　　否□	
5	终端设备、压板、空气开关等应有正确标示		符合设计要求	是□　　否□	
6	终端安装后外箱体应能达到防护等级要求		符合设计要求	是□　　否□	

表 9-10 　　　　　　　　　　　　**故障指示器设备安装工艺验收表**

工程名称					
变电站名称		线路名称		安装杆号	
安装地理位置					
通信方式	□光纤 EPON		□无线 GPRS	□无线 ZegBee	
序号	检查项目		检查规范	检查结果	备注
1	终端应按照安装设计图纸要求进行安装固定,安装后牢固稳定		符合设计要求	是□　　否□	
2	终端设备应按照图纸要求进行可靠接地		参照施工图纸	是□　　否□	
3	二次电缆敷设符合设计要求,敷设完成后应有封堵措施		符合设计要求	是□　　否□	
4	二次电缆接线应正确、整齐、美观,线号标识正确规范		符合设计要求	是□　　否□	
5	终端设备、空气开关等应有正确标示		符合设计要求	是□　　否□	
6	终端安装后外箱体应能达到防护等级要求		符合设计要求	是□　　否□	
7	传感器的安装应方便可靠,且保证在不同截面、不同外径的电缆(线)上安装时,不影响故障检测性能		符合工艺要求	是□　　否□	
8	电流互感器安装应符合设计要求,安装可靠、二次绕组接地可靠、无开路和寄生回路存在		参照施工工艺要求	是□　　否□	
9	后备电源应采用免维护阀控铅酸蓄电池或超级电容,安装结构要求维护更换方便		符合设计要求	是□　　否□	

表 9-11　　　　　　　　　FTU 终端设备测试验收表

作业班组		施工日期		试验日期	
作业任务			站线		
作业负责人		主站工作人员		终端工作人员	
一次设备型号		产品编号		生产日期	
终端设备型号		产品编号		生产日期	
电源 TV 型号		产品编号		生产日期	
一次设备厂家		终端设备厂家		电源 TV 厂家	
通信方式	光纤/无线	IP 地址（光纤）		SIM 卡号（无线）	
安装地址					
规约类型		终端链路地址		通信状态	
TV 变比		TA 变比		过流 I 段定值	
过流 I 段时间		过流 II 段定值		过流 II 段时间	
过负荷定值		过负荷时间			
通信状态			正常/异常		

遥 信 部 分

间隔	描述	现场设备状态	本地显示值	主站显示值	结论（√/×）
1	开关位置				
2	储能状态				
3	远控压板				
4	远方/当地				
5	蓄电池活化				
6	电池欠压				
7	U_{ab} 无压告警				
8	U_{cb} 无压告警				
9	I_a 过流告警/动作				
10	I_b 过流告警/动作				
11	I_c 过流告警/动作				
12	I_a 速断告警/动作				
13	I_b 速断告警/动作				
14	I_c 速断告警/动作				

遥 控 部 分

序号	描述	主站操作	本地显示	主站显示	结论（√/×）
1	开关分/合				
2	电池活化				
3	装置复归				
4	遥控闭锁				

双通道切换部分

序号	描述	结论（√/×）
1	光纤双通道切换，终端均能与主站通信正常	

遗留问题记录：

验收部门（人员）签字：

表 9-12　　　　　　　　　**DTU 终端设备测试验收表**

作业班组		施工日期		试验日期	
作业任务		站线			
作业负责人		主站工作人员		终端工作人员	
一次设备型号		产品编号		生产日期	
DTU 设备型号		DTU 产品编号		DTU 生产日期	
一次设备厂家		DTU 设备厂家			
安装位置					
通信方式	光纤/无线	IP 地址（光纤）		SIM 卡号（无线）	
规约类型		终端链路地址		IP 地址（光纤）/SIM 卡号（无线）	
过流定值		过流时间		TV 变比	
过负荷定值		过负荷时间		TA 变比	
通信状态		正常/异常			

遥 信 部 分

序号	设备名称	遥信名称	施加值	本地 DTU 显示	主站显示	结论（√/×）
1	DTU	远方/就地位置				
2	DTU	交流失电				
3	DTU	蓄电池活化				

序号	设备名称	遥信名称	施加值	本地 DTU 显示	主站显示	结论（√/×）
4	第1间隔	开关位置				
5	第1间隔	接地刀闸位置				
6	第1间隔	远方/就地位置				
7	第1间隔	过流告警信号				
8	第1间隔	过负荷告警信号				
9	第1间隔	事故总信号				
	第n间隔	开关位置				
	第n间隔	接地刀闸位置				
	第n间隔	线路1远方/就地位置				
	第n间隔	过流告警信号				
	第n间隔	速断告警信号				
	第n间隔	总告警信号				

遥 测 部 分

序号	设备名称	遥测名称	设备显示	本地显示	主站显示	结论（√/×）
1	DTU	蓄电池电压				
2	I 段母线	电压 U_{ab1}				
3	I 段母线	电压 U_{cb1}				
4	II 段母线	电压 U_{ab2}				
5	II 段母线	电压 U_{cb2}				
6	第1间隔	A 相电流				
7	第1间隔	B 相电流				
8	第1间隔	C 相电流				
9	第n间隔	A 相电流				
10	第n间隔	B 相电流				
11	第n间隔	C 相电流				

遥 控 部 分

序号	设备名称	描述	主站操作	本地显示	主站显示	结论（√/×）
1	DTU	电池活化				

序号	设备名称	描述	主站操作	本地显示	主站显示	结论（√/×）
2	DTU	装置复归				
3	DTU	遥控闭锁				
4	第 1 间隔	开关分/合				
	第 n 间隔	开关分/合				

双通道切换部分		

序号	描述	结论（√/×）
1	光纤双通道切换，终端均能与主站通信正常	

遗留问题记录：

验收部门（人员）签字：

表 9-13   **故障指示器现场验收表**

终端型号		终端名称		产品编号	
终端额定参数	电源电压：电压：相电流：零序电流				
终端安装位置					
配套一次开关	□负荷开关□断路器	操动机构类型	□弹簧操动机构□永磁操动机构 □电磁操动机构		
通信方式	□无线 GPRS □光纤 EPON □其他				

序号	检查项目	检查规范	数据	检查结果	备注
1	终端外观及接口	符合技术协议要求		是□ 否□	
2	运行、故障指示灯功能	具备运行、告警等指示功能		是□ 否□	
3	遥信	改变故障指示器外部接口遥信状态，终端能够正常反应并上送变位遥信及 SOE		是□ 否□	
4	校时功能	校时通信终端的时间正确		是□ 否□	
5	通信功能	串口、网口与主站连接过程正常；通信通道模拟断开后通信重新连接正常		是□ 否□	
6	自检功能	当手动操作自检（测试）开关时，指示器能自动检测其工况，并能显示自检结果		是□ 否□	
7	其他	技术协议要求其他功能		是□否□	

表 9-14　　　　　　　　　　配电自动化主站机房验收表

项目	内　容	结果
机房安全性	机房设置门禁系统	
	机房安全出口不少于 2 个	
	机房宜单独设置出入口	
机房要求	机房应避开强电磁场干扰，并远离强振源和强噪声源	
	机房的面积满足系统自动化设备的使用需求，并预留今后业务发展需要的使用面积	
	机房各门的尺寸均应保证设备运输方便，一般宜为宽 1.2~1.5m，高 1.9~2.2m	
	主机房净高，应按机柜高度和通风要求确定。一般宜为净高 2.6~3.2m	
机柜布置	主机房机柜应统一选用黑色标准 19 英寸 42U 服务器机柜，机柜前后柜门应有通风孔	
	主机房内机柜排列使用面对面，背靠背的方式，形成冷热通道，空调位置宜在冷通道的一端	
	两相对机柜之间的距离不应小于 1.2m。机柜侧面距墙不应小于 0.5m，当需要维修测试时，则距墙不应小于 1.2m。走道净宽不应小于 1.2m	
	成行排列的机柜，其长度超过 6m 时，两端应设有出口通道；当两个出口通道之间的距离超过 15m 时，在两个出口通道之间还应增加出口通道；出口通道的宽度不应小于 1.2m，局部可为 0.6m	
	主机房宜规划核心区域（含核心设备及配线管理区），有效减少线缆拥堵	
机房设备布置	需要经常监视或操作的设备布置应尽量靠近方便出入的位置	
	在空调出风口附近应规划为发热量大的设备布置区	
	机房建筑的入口至主机房应设通道，通道净宽不应小于 1.5m	
机房布线	宜采用集中数字配线架方式，以方便将来的扩容，升级，网络改造等	
	机房网线应正确、整齐、美观，线号标识正确规范	
机房控制	机房内温度应控制在 20±5℃、湿度控制在 40%~70%，且温度变化率小于 10℃/h	
	主机房内的噪声，在系统设备停机条件下，应小于 68dB（A）	
	机房输入电源应采用双路自动切换供电方式，供电系统应由输入电源柜、UPS 系统、配电柜和输出馈线组成	
	设备负荷应均匀地分配在三相线路上，三相负荷不平衡度小于 20%	
	应采用两台或多台 UPS 分别供电。非并机方式的 UPS 设备负荷不得超过额定输出的 80%，并机方式的 UPS 设备负荷不得超过额定输出的 50%。机房 UPS 提供的后备电源时间不得少于 1h。UPS 容量应满足机房内设备要求	

9.3.4 验收要求

（1）按照验收大纲所列测试内容进行逐项测试，做好相关记录。

（2）设备型号、数量、配置、性能等符合项目合同要求，各设备的出厂编号应与工厂验收记录一致。

（3）被验收方提交的技术手册、使用手册和维护手册应为最新版本，且正确有效，项目建设文档及相关资料齐全。

（4）配电自动化终端投运率达到 100%。

（5）配电自动化系统与上一级调度自动化系统、生产管理系统、GIS 系统等实现信息交互。

（6）配电自动化系统安全应符合国家电力监管委员会电力二次系统安全防护规定。

（7）测试过程中发现的缺陷、偏差等问题，允许被验收方进行改进完善，但改进后应由项目对相关项目组织重新测试。缺陷项目应进行核查并限期整改，整改后应重新进行验收。

（8）现场验收测试结束后，验收方编制现场验收测试报告、偏差及缺陷报告、设备及文件资料核查报告，对测试结果和项目阶段建设成果进行评价，形成现场验收结论。

9.4 工程化验收（PAT）

9.4.1 应具备条件

（1）按照批复的配电自动化工程建设技术方案，工程配套的配电设备改造、配电通信系统建设已经完成。

（2）配电自动化终端安装完成数量达到批复技术方案要求，配电自动化系统已在现场安装调试完毕并投入运行。

（3）配电自动化系统投运以来，未发生重大故障，如配电自动化系统主站全停、主服务器双机全停、SCADA 主要功能丧失等。

（4）配电自动化运维机构、运维保障机制已经建立，人员配备满足运行维护要求。

（5）被验收单位已按要求完成了自查工作，并编制了自查报告。

（6）配电自动化项目已通过工程质量测试，测试主要内容包括配电自动化系统主站功能测试、信息交换总线接口与功能测试、信息模型与消息一致性测试等。

（7）验收资料完备、规范、真实，符合相关标准、规范要求。

（8）验收方编写工程验收大纲，作为工程验收测试依据。

9.4.2 验收流程（见图9-3）

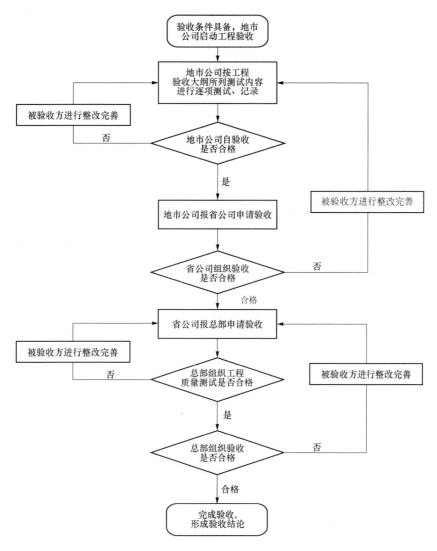

图 9-3　配电自动化系统工程验收流程图

9.4.3 验收内容

（1）工程验收主要内容。工程验收内容包括管理体系、技术体系、运维体系、验收资料四个分项，管理体系主要包括组织保障、项目管理、项目完成情况，技术体系主要包括终端工况、信息交互、安全防护、性能测试，运维体系主要包括运行制度、运维机构、人员配置，验收资料主要包括工作报告、技术报告、用户报告、测试报告。

（2）工程验收评价。工程验收评价体系包括管理体系、技术体系、运维体系、验收资料。验收评价表参见表9-15。

表9-15 **工程验收内容分项评价表**

序号	评价项目及要求	检查方法	备注
1	管理体系		
1.1	组织保障		
1.1.1	建立省公司配电自动化领导小组，职责明确	查文件资料、成立时间、会议记录	
1.1.2	建立配电自动化管理机构	查文件资料、成立时间、会议记录	
1.1.3	地市公司配电自动化的领导小组，职责明确。地市公司配电自动化领导小组主要职责：审核单位配电自动化总体目标和规划；审核单位配电自动化工作的相关管理规定和工作流程；指导和检查单位实施配电自动化工作；组织协调配电自动化工作相关问题	查文件资料、会议记录	
1.1.4	地（市）公司配电自动化工作小组，职责明确。地（市）公司配电自动化工作小组主要职责：组织实施配电自动化工程；编制配电自动化建设方案等文件；编制配电自动化工作的相关管理规定和工作流程；编制配电自动化总体计划和实施计划，并贯彻执行；解决配电自动化建设过程的相关问题	查文件资料、工作计划及相关问题解决情况	
1.2	项目管理		
1.2.1	建设方案：区域基本情况；工程建设目标；工程规模；建设实施方案；实施进度计划；经济效益分析；保障措施等	查看建设方案、批复文件、评审意见	
1.2.2	初步设计：初设必须由具备资质的设计单位完成；初设范围和规模不得超公司的批复；初设概算费用不得超出批复费用；具备初设批复文件	查看初设文本及初设批复文件	
1.2.3	招标采购：招标采购符合公司物资招标采购相关规定（资质审查、定向采购、竞争性谈判、公开招标管理等）	查看招标采购申请、招标采购文件、招标结果告知书	

序号	评价项目及要求	检查方法	备注
1.2.4	安装建设：施工、监理单位具备资质；建设过程未发生人员及设备事故，安全措施到位，安全职责明确；设计施工资料完整（监理报告、质量检查、整改通知）	查看安装建设资料及质量报告，整改通知，现场验收报告	
1.2.5	现场验收符合本标准	查看现场验收资料、记录	
1.3	项目完成情况		
1.3.1	建设进度：建设进度在批复期限内完成	查看方案批复文件	
1.3.2	完成质量：调试报告、试验报告、验收自查报告、监理报告、质量检查报告中无影响安全、稳定运行的严重缺陷，发现的缺陷已经整改	查监理报告、质量检查报告、调试报告、验收自查报告	
1.3.3	投资情况：投资金额不超出公司批复金额	查看方案批复文件和资金使用情况	
1.3.4	信息报送：建设过程中，按照公司要求及时上报配电自动化工作情况，上报数据准确、真实	查看报送表	
2	技术体系		
2.1	自动化终端投运率100%	查看资料	
2.2	信息交互：与上一级调度自动化系统的交互；与生产管理系统的交互；与GIS系统的交互；与营销系统的交互；与95598系统的交互	实际系统测试	
2.3	安全防护：符合国家电力监管委员会电力二次系统安全防护规定；符合公司中低压配电网自动化系统安全防护相关规定	现场查看	
3	运维体系		
3.1	运行制度		
3.1.1	配电自动化运行管理内容：明确配电自动化设备运行职责、验收及投运管理、设备运行维护、缺陷管理；明确配电自动化运行管理主体；明确配电自动化运行考核办法	查看文件及日常运行管理日志	
3.1.2	配电自动化检修管理内容：明确配电自动化设备检修职责、检修流程；明确配电自动化设备检修主体；明确配电自动化设备检修考核办法	查看文件及日常检修管理日志	
3.1.3	配电自动化投运管理内容：明确实施配电自动化设备投运流程；明确实施配电自动化设备退出和复役流程；明确配电自动化设备变更（异动）流程	查看文件及投运记录	

序号	评价项目及要求	检查方法	备注
3.1.4	具备以下运行规程：配电自动化运行规程，包括主站系统、配电终端/子站和配套一次设备；配电自动化设备操作规程；配电自动化设备及相关设备的调度操作规程	查看文件及调度运行规程、日志	
3.1.5	配电通信网运行维护要求：明确配电通信设备运行职责、验收及投运管理、设备运行维护及缺陷管理及流程；明确配电通信设备运行维护、检修主体；满足配电网运行管理要求	查看文件、运维流程、运维日志	
3.2	运维机构：建立相应的日常管理、运行、维修的部门或班组；各部门或班组具有相应的职责、管理与考核制度等	查看文件及机构、人员设置	
3.3	人员配置：配电自动化各岗位人员配置合理；自动化人员培训率不小于 80%；具备培训考核办法和记录	查看相关文件、考核办法、培训记录	
4	验收资料		
4.1	工作报告：项目概述；项目建设情况；经济、社会效益分析；存在问题；下一步工作计划等	查看提交报告	
4.2	技术报告：技术方案说明；技术特色与创新；技术总结等	查看提交报告	
4.3	用户报告：能根据单位具体情况出具用户报告	查看提交报告	
4.4	测试报告：报告完整	审查整个工程建设过程的测试、试验和调试报告	
性能测试：按测试小组的测试报告。			
5	主站系统：		
5.1	冗余性：热备切换时间≤20s；冷备切换时间≤5min	现场测试	
5.2	计算机资源负载率：CPU 平均负载率≤40%；备用空间（根区）≥20%	现场测试	
5.3	I、III（IV）区数据同步：信息穿越正向物理隔离时的数据传输时延<3s；信息穿越反向物理隔离时的数据传输时延<20s	现场测试	
6	功能指标		
6.1	主站功能指标：可接入实时数据容量≥200000；可接入终端数≥2000；实时数据变化更新时延≤1s；主站遥控输出时延≤2s；数据记录时标精度≤10ms；85%画面调用响应时间≤3s；事故推画面响应时间≤10s；单次网络拓扑着色时延≤2s	查工厂测试、现场测试等相关文档，并现场抽查	

序号	评价项目及要求	检查方法	备注
6.2	扩展功能指标：馈线故障处理：1. 系统并发处理馈线故障个数≥10 个；2. FA 启动后单个馈线故障处理耗时（不含系统通信时间）≤5s；状态估计，单次状态估计计算时间≤15s；区域潮流计算，单次潮流计算计算时间≤10s；区域负荷预测，1. 负荷预测周期≤15min；2. 单次负荷预测耗时≤15s；负荷转供，单次转供策略分析耗时≤5s；网络重构，单次网络重构耗时≤30s；系统互联，信息交互接口信息吞吐效率≥16000bit/s；信息交互接口并发连接数≥5 个	查资料、记录，现场测试	
7	"三遥"正确性		
7.1	模拟量：遥测综合误差≤ 1.5%；（终端遥测精度满足招标文件中的相关技术指标）遥测越限由终端传递到子站/主站：光纤通信方式<2s；载波通信方式<3s；无线通信方式<30s	查资料、记录，进行现场抽测	
7.2	状态量：遥信动作正确率≥ 99%；遥信变位由终端传递到主站：光纤通信方式<2s；载波通信方式<30s；无线通信方式<60s	查资料、记录，进行现场抽测	
7.3	遥控：遥控正确率≥ 99.9%；遥控命令选择、执行或撤消传输时间≤6s	查资料、记录，进行现场抽测	
8	平台服务		
8.1	支撑软件：关系数据库软件；动态信息数据库软件；中间件	查资料、在主站界面上操作和分析	
8.2	数据库管理：数据库维护工具；数据库同步；多数据集；离线文件保存；带时标的实时数据处理；数据库恢复	查资料、在主站界面上操作和分析	
8.3	数据备份与恢复：全数据备份；模型数据备份；历史数据备份；定时自动备份；全库恢复；模型数据恢复；历史数据恢复	查资料、在主站界面上操作和分析	
8.4	系统建模：图模一体化网络建模工具；外部系统信息导入建模工具	查资料、在主站界面上操作和分析	
8.5	多态多应用：具备实时态、研究态、未来态等应用场景；各态下可灵活配置相关应用；多态之间可相互切换	查资料、在主站界面上操作和分析	
8.6	多态模型管理：多态模型的切换；各态模型之间的转换、比较及同步和维护；多态模型的分区维护统一管理；设备异动管理	查资料、在主站界面上操作和分析	
8.7	权限管理：层次权限管理；权限绑定；权限配置	查资料、在主站界面上操作和分析	

序号	评价项目及要求	检查方法	备注
8.8	告警服务：语音动作；告警分流；告警定义；画面调用；告警信息存储、打印	查资料、在主站界面上操作和分析	
8.9	报表管理：支持实时监测数据及其他应用数据；报表设置、生成、修改、浏览、打印；按班、日、月、季、年生成各种类型报表；定时统计生成报表	查资料、在主站界面上操作和分析	
8.10	人机界面：界面操作；图形显示；交互操作画面；数据设置、过滤、闭锁；多屏显示、图形多窗口、无级缩放、漫游、拖拽、分层分级显示；设备快速查询和定位；国家标准一、二级字库汉字及矢量汉字；图模库一体化	查资料、在主站界面上操作和分析	
8.11	系统运行状态管理：节点状态监视；软硬件功能管理；状态异常报警；在线、离线诊断工具；冗余管理、应用管理、网络管理	查资料、在主站界面上操作和分析	
8.12	Web 发布：含图形的网上发布；报表浏览；权限限制	用 2 台工作站的 IE 进行测试	
9	配电 SCADA 功能		
9.1	数据采集：满足配电网实时监控需要；各类数据的采集和交换；广域分布式数据采集；大数据量采集；支持多种通信规约；支持多种通信方式；错误检测功能；通信通道运行工况监视、统计、报警和管理	查资料、在主站界面上操作和分析	
9.2	数据处理：模拟量处理；状态量处理；非实测数据处理；多数据源处理；数据质量码；统计计算	查资料、在主站界面上操作和分析	
9.3	数据记录：事件顺序记录（SOE）；周期采样；变化存储	查资料、在主站界面上操作和分析	
9.4	操作与控制：人工置数；标识牌操作；闭锁和解锁操作；远方控制与调节；防误闭锁	查资料,在主站界面上操作和分析,并进行现场抽测	
9.5	动态网络拓扑着色：电网运行状态着色；供电范围及供电路径着色；动态电源着色；负荷转供着色；故障指示着色	在主站界面上操作和分析	
9.6	全息历史/事故反演：事故反演的启动和处理；事故反演；全息历史反演	查资料、在主站界面上操作和分析	
9.7	信息分流及分区：责任区设置和管理；信息分流	查资料、在主站界面上操作和分析	
9.8	系统时钟和对时：北斗天文钟或 GPS 时钟对时；对时安全；终端对时	查资料、在主站上操作和分析	
9.9	系统开放性：系统可扩展	查资料、在主站界面上操作和分析	

序号	评价项目及要求	检查方法	备注
9.10	馈线故障处理：故障定位、隔离及非故障区域的恢复；故障处理安全约束；故障处理控制方式；主站集中式与就地分布式故障处理的配合；故障处理信息查询	查资料、在主站界面上操作和分析	
9.11	网络拓扑分析：适用于任何形式的配电网络接线方式；电气岛分析；支持人工设置的运行状态；支持设备挂牌、投退役、临时跳接等操作对网络拓扑的影响；支持实时态、研究态、未来态网络模型的拓扑分析；计算网络模型的生成	查资料、在主站界面上操作和分析	
9.12	状态估计：计算各类量测的估计值；配电网不良量测数据的辨识；人工调整量测的权重系数；多启动方式；状态估计分析结果快速获取	查资料、在主站界面上操作和分析	
9.13	潮流计算：实时态、研究态和未来态电网模型潮流计算；多种负荷计算模型的潮流计算；精确潮流计算和潮流估算；计算结果提示告警；潮流计算误差低于某一设定指标值。采取现场抽测方式进行测试	查资料、在主站界面上操作和分析	
9.14	解合环分析：实时态、研究态、未来态电网模型合环分析；合环路径自动搜索；合环稳态电流值、环路等值阻抗、合环电流时域特性、合环最大冲击电流值计算；合环操作影响分析；合环电流计算误差低于某一设定指标值；采取现场抽测方式进行测试	查资料、在主站界面上操作和分析	
9.15	负荷转供：负荷信息统计；转供策略分析；转供策略模拟；转供策略执行	查资料、在主站界面上操作和分析	
9.16	负荷预测：最优预测策略分析；支持自动启动和人工启动负荷预测；多日期类型负荷预测；分时气象负荷预测；多预测模式对比分析；计划检修、负荷转供、限电等特殊情况分析	查资料、在主站界面上操作和分析	
9.17	网络重构：提高供电能力；降低网损；动态调控	查资料、在主站界面上操作和分析	
9.18	系统互联：信息交互遵循 IEC 61968 标准；支持相关系统间互动化应用	查资料、在主站界面上操作和分析	
9.19	分布式电源/储能/微网接入：分布式电源/储能设备/微网接入、运行、退出的监视、控制等互动管理功能；分布式电源/储能装置/微网接入系统情况下的配网安全保护、独立运行、多电源运行机制分析等功能	查资料、在主站界面上操作和分析	
10	配电终端		
10.1	远方设置：1）设置定值及其他参数；2）当地、远方操作设置；时间设置、远方对时	在主站设置下载或在当地通过维护口设置	

序号	评价项目及要求	检查方法	备注
10.2	终端维护：具备蓄电池的自动充放电维护功能；具备就地维护功能和维护的记录；后备电源装置供电时间、停电后操作开关次数符合招标技术规范的要求	查看资料、在主站界面上操作和分析	
11	通信系统		
11.1	传输速率：光纤专网≥19200bit/s；其他方式≥2400bit/s	查资料、记录，进行现场抽测	
11.2	误码率：光纤专网优于 $1×10^{-9}$；其他方式优于 $1×10^{-5}$	查资料、记录，进行现场抽测	
12	信息交互能力		
12.1	信息交换总线测试：信息交换总线 Web 服务接口一致性测试；请求/应答与发布订阅基本交互功能测试；图形化流程编排功能测试；总线管理与控制功能测试；可视化功能测试	服务接口与基本交互功能测试采用一致性测试工具；其他功能测试，在总线界面上进行操作和分析	
12.2	模型与消息一致性测试：信息模型版本一致性测试；消息格式一致性测试，包括命名空间、结构、标签、基数、引用	模型与消息测试分别采用一致性测试工具；测试结果生成分项错误报表	

9.4.4 验收要求

（1）验收方按照工程验收大纲所列测试内容进行逐项测试。

（2）配电自动化终端投运率达到 100%。

（3）配电自动化系统与上一级调度自动化系统、生产管理系统、地理信息系统等实现信息交互。

（4）配电自动化系统安全应符合国家电力监管委员会电力二次系统安全防护规定，以及中低压配电网自动化系统安全防护相关规定要求。

9.5 实用化验收（AAT）

9.5.1 应具备的条件

（1）项目已通过工程化验收，工程验收中存在问题已整改，配电自动化系统已投入试运行 6 个月以上，并至少有 3 个月连续完整的运行记录。

（2）配电自动化运维保障机制（如运维机构、运维制度等）已建立并有效开展工作。

（3）验收资料完备、规范、真实，符合相关标准、规范要求。

（4）验收方编写完成实用化验收大纲，作为实用化验收测试依据。

9.5.2 验收流程（见图9-4）

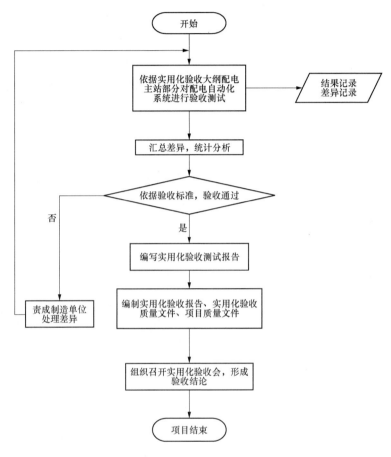

图9-4 配电自动化系统实用化验收流程图

9.5.3 验收内容

（1）实用化验收主要内容。验收资料、运维体系、考核指标、实用化应用四个分项，验收资料主要包括技术报告、运行报告、用户报告、自查报告、配电自动化设备台账等，运维体系主要包括运维制度、职责分工、运维人员、配电自动化缺陷处理响应情况等，考核指标主要包括配电自动化终端覆盖率、系统运行指标等，实用化应用评价主要包括基本功能测试、馈线自动化使用情况、数据维护情况、配电线路图完整率等。

（2）实用化验收评价。实用化验收评价内容包括：验收资料、运维体系、考核指标、实用化应用等，具体内容参见表 9-16。

表 9-16　　　　　　　　　实用化验收内容分项评价表

序号	评价项目及要求	检查方法	备注
1	验收资料		
1.1	技术报告：需求分析；技术路线；技术方案等	查看提交报告	
1.2	运行报告：巡视记录；缺陷记录；检修记录；调度运行日志等	查看提交报告	
1.3	用户报告	查看提交报告	
1.4	自查报告	查看提交报告	
1.5	配电自动化设备台账：配电主站设备台账；配电终端台账；配电通信设备台账	查看设备台账	
2	运维体系		
2.1	运维制度：岗位职责；培训管理；缺陷管理；巡视管理等	查看文件、运行日志、检修记录、巡视记录、缺陷记录等	
2.2	职责分工：运维主体明确；工作流程清晰	查看文件、运行日志、检修记录、巡视记录、缺陷记录等	
2.3	运维人员：熟悉所管辖或使用设备的结构、性能及操作方法；具备一定的故障分析处理能力	查看人员的培训记录，随机选取运维人员进行现场询问	
2.4	配电自动化缺陷处理响应情况：满足相关运维管理规范要求以及配网调度运行和生产指挥的要求	查看缺陷处理记录	
3	考核指标		
3.1	配电终端覆盖率：配电终端覆盖率不小于建设方案的 95%； 配电终端覆盖率=（已投运的配电终端数量）/（建设和改造方案中应安装配电终端数量）×100%	查看被验收单位提供的配电自动化设备台账和设备投/退运资料	
3.2	系统运行指标：		
3.2.1	配电主站月平均运行率≥99%； 配电主站月平均运行率=（全月日历时间-配电主站停用时间）/（全月日历时间）×100%	查看主站运行日志和被验收单位的自查报告	
3.2.2	配电终端月平均在线率≥95%； 配电终端月平均在线率=（全月日历时间×配电终端总数-各配电终端设备停用时间总和）/（全月日历时间×配电终端总数）×100%	查看配电终端运行记录和被验收单位的自查报告	
3.2.3	遥控使用率≥90%； 遥控使用率=（考核期内实际遥控次数）/（考核期内可遥控操作次数的总和）×100%	查看调度运行日志、停电计划、故障记录	

序号	评价项目及要求	检查方法	备注
3.2.4	遥控成功率≥98%； 遥控成功率=（考核期内遥控成功次数）/（考核期内遥控次数总和）×100%	查看调度运行记录和被验收单位的自查报告	
3.2.5	遥信动作正确率≥95%； 遥信动作正确率=（遥信正确动作次数）/（遥信正确动作次数+拒动、误动次数）×100%	查看主站遥信打印记录和被验收单位的自查报告	
3.3	信息交互指标		
3.3.1	总线使用率：≥500 次/天； 总线使用率=（考核期内消息交互总次数）/（考核期天数）（对于发布订阅式信息交互，所有订阅方都收到才算成功，且每次发布仅算 1 次交互）	查看总线日志并进行统计	
3.3.2	信息交互成功率：≥99.99%； 信息交互成功率=（考核期内交互正确次数）/（交互总次数）×100%（对于发布订阅式信息交互，所有订阅方都收到才算成功，且每次发布仅算 1 次交互）	查看总线日志并进行统计	
3.3.3	信息交互效率：≥2MB/s； 信息交互效率=（考核期内交互数据总体积）/（交互时长总和）	查看总线日志并进行统计	
3.3.4	总线管控效率： 从任意功能界面选择并跳转至目标功能界面，小于 2s；执行任意一项管控功能，延迟小于 3s	检测人员抽选功能并计时，总线操作人员执行功能	
3.3.5	图、模匹配率：≥100%； 指定范围内的图形与模型文件应保持数据一致	通过一致性校验软件，自动生成结果报表	
3.3.6	拓扑数据合格率：指定范围内拓扑数据分析，包括内环、外环、孤岛、跨电压等级直连，拓扑分析结果应正确	通过一致性校验软件，自动生成结果报表	
4	实用化应用		
4.1	基本功能测试		
4.1.1	电网主接线及运行工况：要求配电线路和设备图形清晰、美观、实用，曲线、实时数据显示正常、符合逻辑	现场查看	
4.1.2	报警：要求主站系统在电网出现故障或异常的情况下，能够迅速在屏幕的报警区显示简单明了的报警信息，并可根据报警信息调出相应画面，系统应保存事故及报警信息的内容，包括事件的性质、状态、发生时间、对象性质等	现场查看	

序号	评价项目及要求	检查方法	备注
4.1.3	事件顺序记录（SOE）：要求在同一时钟标准下，站内和站间发生事件的顺序记录。事件顺序记录应按时间顺序保存，并可分类检索	现场查看	
4.2	馈线自动化使用情况：要求故障时能判断故障区域并提供故障处理的策略	查看调度日志和主站系统相关记录等资料	
4.3	数据维护情况：数据维护的准确性、及时性和安全性满足配网调度运行和生产指挥的要求	抽查部分配电线路的图形、设备参数、实时信息与现场实际及源端系统的一致性	
4.4	配电线路图完整率≥98%；配电线路图完整率=（配电主站图形化的配电线路条数）/（配电线路总条数）×100%	查看配电主站	
4.5	图形化配电线路中，开断设备运行状态与现场一致率达到100%	查看图形设备状态与现场一致情况	
4.6	FA动作正确率≥98%；FA动作正确率=（FA正确动作次数）/（FA动作总次数）×100%	查看调度运行日志、停电计划、故障记录	

9.5.4 验收要求

（1）验收方按照实用化验收大纲所列测试内容进行逐项测试。

（2）配电自动化系统运行指标满足相关标准要求。

（3）配电自动化系统在试运行考核期间运行稳定可靠，未出现应用服务非人工切换、重要进程非正常终止、崩溃、死机等稳定性问题。

（4）配电自动化系统的缺陷得到及时消缺，运行维护工作分工明确，运转高效，可满足配电自动化系统正常运行的要求。

（5）测试过程中发现的缺陷、偏差等问题，在改进后应由项目单位对相关项目组织重新测试。

现场验收测试结束后，验收方编制现场验收测试报告、偏差及缺陷报告、设备及文件资料核查报告，对测试结果和项目阶段建设成果进行评价，形成现场验收结论。

参 考 文 献

[1] 刘健，毕鹏翔，杨文宇，等. 配电网理论与应用 [M]. 北京：中国水利水电出版社，2007.

[2] 中国电力百科全书 [M]. 2版. 北京：中国电力出版社，2001.

[3] 陈盛燃，邱朝明. 国外城市配电自动化概况及发展 [J]. 广东输电与变电技术，2008（4）.

[4] 徐腊元，庞腊成，陈彩凤. 我国配电网自动化设备现状及发展 [J]. 电力设备，2001（3）.

[5] 张继刚. 浅析我国配电自动化的现状及发展趋势 [J]. 城市建设与商业网点，2009（27）.

[6] 徐丙垠，李天友，薛永端. 智能配电网与配电自动化 [J]. 电力系统自动化，2009（17）.

[7] 盛万兴. 配电网自动化系统体系与实现技术 [J]. 中国电力，2002（4）.

[8] 刘健. 配电自动化系统 [M]. 2版. 北京：中国水利水电出版社，2004.

[9] 刘健，沈兵兵，赵江河. 现代配电自动化系统 [M]. 北京：中国水利水电出版社，2013.

[10] 曹建平，倪瑛. 配电变压器监测终端现状及发展 [J]. 电气应用，2005（1）.

[11] 于金镒，周志芳，林元绩，等. 城市配电管理系统建设与应用 [M]. 北京：中国电力出版社，2012.

[12] 刘东，张沛超，李晓露. 面向对象的电力系统自动化 [M]. 北京：中国电力出版社，2009.

[13] 刘振亚. 智能电网技术 [M]. 北京：中国电力出版社，2010.

[14] 钟清，余南华，宋旭东，等. 主动配电网知识读本 [M]. 北京：中国电力出版社，2014.

[15] 秦立军，马其燕. 智能配电网及其关键技术 [M]. 北京：中国电力出版社，2010.

[16] 朱勇，王江平，卢麟. 光通信原理与技术 [M]. 2版. 北京：科学出版社，2011.

[17] 余南华，陈云瑞. 通信技术 [M]. 北京：中国电力出版社，2012.

[18] 葛剑飞，姚贤炯，王兆佩，等. 电力通信（上、下）[M]. 北京：中国电力出版社，2010.

[19] 郑玉平，杨志宏，宋斌，等. 智能变电站二次设备与技术 [M]. 北京：中国电力出版社，2014.

[20] （日）德田正满. 高速电力线通信系统（PLC）和EMC [M]. 吴国良，译. 北京：中国电力出版社，2011.

[21] 张举. 微型机继电保护原理 [M]. 北京：中国水利水电出版社，2004.

[22] 贺家李，李永丽，董新洲，等. 电力系统继电保护原理 [M]. 北京：中国电力出版社，2010.

[23] 杨奇逊, 黄少锋. 微型机继电保护基础 [M]. 3 版. 北京: 中国水利水电出版社, 2013.

[24] 李天友, 金文龙, 徐丙垠. 配电技术 [M]. 北京: 中国电力出版社, 2007.

[25] 范明天, 张祖平, 岳宗斌译. 配电网络规划与设计 [M]. 北京: 中国电力出版社, 1999.

[26] 刘东, 丁振华, 滕乐天. 配电自动化实用化关键技术及其进展 [J]. 电力系统自动化, 2004 (7).

[27] 赵江河, 刘军, 吕广宪, 等. IEC61968 与智能电网: 电力企业应用集成标准的应用 [M]. 北京: 中国电力出版社, 2013.

[28] 任雁铭, 秦立军, 杨奇逊. IEC61850 通信协议体系介绍和分析 [J]. 电力系统自动化, 2000 (8).

[29] 刘健, 倪建立. 配电自动化系统 [M]. 北京: 中国水利水电出版社, 2003.

[30] 蔺丽华, 刘健. 配电自动化系统的混合通信方案 [J]. 电力系统自动化, 2001 (23).

[31] 任震, 邹兵勇, 万官泉, 等. 考虑馈线自动化的用户停电时间计算 [J]. 电力系统及其自动化学报, 2005 (3).

[32] 袁钦成. 配电系统故障处理自动化技术 [M]. 北京: 中国电力出版社, 2007.

[33] 顾欣欣, 姜宁, 季侃, 等. 配电网自愈控制技术 [M]. 北京: 中国电力出版社, 2012.

[34] 刘健, 同向前, 张小庆, 等. 配电网继电保护与故障处理 [M]. 北京: 中国电力出版社, 2014.

[35] 刘健, 董新洲, 陈星莺, 等. 配电网故障定位与供电恢复 [M]. 北京: 中国电力出版社, 2012.

[36] 张建华, 黄伟. 微电网运行控制与保护技术 [M]. 北京: 中国电力出版社, 2010.

[37] 吴素农, 范瑞祥, 朱永强, 等. 分布式电源控制与运行 [M]. 北京: 中国电力出版社, 2012.

[38] 李宏仲, 段建民, 王承民. 智能电网中蓄电池储能技术及其价值评估 [M]. 北京: 机械工业出版社, 2012.

[39] 卫志农, 何桦, 郑玉平. 配电网故障区间定位的高级遗传算法 [J]. 中国电机工程学报, 2002 (4).

[40] 林功平, 徐石明, 罗剑波. 配电自动化终端技术分析 [J]. 电力系统自动化, 2003 (12).

[41] 沈兵兵, 吴琳, 王鹏. 配电自动化试点工程技术特点及应用成效分析 [J]. 电力系统自动化, 2012 (18).

[42] 赵江河, 陈新, 林涛, 等. 基于智能电网的配电自动化建设 [J]. 电力系统自动化, 2012 (18).

[43] 张建功, 杨子强, 王建彬, 等. 配电自动化实用模式探讨 [J]. 电网技术, 2003 (1).

［44］赵凯. 10kV 配电自动化设备与一体化运维模式［J］. 城市建设理论研究（电子版），2011（22）.

［45］刘东. 配电自动化系统试验［M］. 北京：中国电力出版社，2004.

［46］刘东，闫红漫. 配电自动化系统试验技术及其进展［J］. 电工技术杂志，2004（7）.

［47］刘健，刘东. 配电自动化系统测试技术［M］. 北京：中国水利水电出版社，2015.